电力调度自动化系统运维管理技术

何国军　李　杰　宋忠友　仲元红　王鲲鹏

张晓勇　高　晋　余亚玲　谭涵丹　唐　逸

李俊杰　李　哲◎编著

U0190788

重庆大学出版社

内容提要

电力调度自动化系统已经成为智能电网安全稳定运行的重要支撑手段,保证系统持续可用、高效运转是电力调度自动化系统运维的主要目标。本书主要介绍了电力调度自动化系统运维的基本概念,对系统运维管理技术,包括运维体系建设、运维工作组织与管理、机房基础环境、巡检技术、运维服务质量评价等作了详细的介绍,并通过实际案例介绍了运维管理平台的设计。本书尝试借鉴ITIL等信息行业先进运维服务理念,结合电力行业实际,探索电力调度自动化系统运维管理的新方法、新技术和新实践。

本书适合电力自动化运维人员、管理人员、运维服务厂商阅读,也可以作为在校大学生了解电力自动化的参考书籍。

图书在版编目(CIP)数据

电力调度自动化系统运维管理技术 / 何国军等编著. ‐‐
重庆:重庆大学出版社,2017.12
ISBN 978-7-5689-0928-0

Ⅰ.①电… Ⅱ.①何… Ⅲ.①电力系统调度—调度自
动化系统—运行②电力系统调度—调度自动化系统—维修
Ⅳ.①TM734

中国版本图书馆 CIP 数据核字(2017)第 299653 号

电力调度自动化系统运维管理技术

何国军 等 编著
策划编辑:曾令维
责任编辑:文 鹏 邓桂华 版式设计:曾令维
责任校对:刘志刚 责任印制:赵 晟

*

重庆大学出版社出版发行
出版人:易树平
社址:重庆市沙坪坝区大学城西路 21 号
邮编:401331
电话:(023)88617190 88617185(中小学)
传真:(023)88617186 88617166
网址:http://www.cqup.com.cn
邮箱:fxk@ cqup.com.cn(营销中心)
全国新华书店经销
重庆市正前方彩色印刷有限公司印刷

*

开本:787mm×1092mm 1/16 印张:7.5 字数:127 千
2017 年 12 月第 1 版 2017 年 12 月第 1 次印刷
ISBN 978-7-5689-0928-0 定价:48.00 元

前言

　　随着我国电网智能化水平快速提高,电力调度自动化系统在保障大电网安全稳定运行方面发挥着越来越重要的作用。

　　电力调度自动化系统运维的目的是要保证系统正常和可靠运行,并能使系统不断得到改善和提高,以充分发挥其作用。目前,电网企业信息化水平不断提高,建成了覆盖调度、运检、营销等专业的生产信息系统和办公、ERP、数据中心等管理信息系统。但是,和其他行业类似,我国信息系统普遍存在重建设、轻运维的情况。现有的电力调度自动化系统运行维护和故障处理基本还停留在人工管理和制度约束的阶段,缺乏有效的技术手段,无法多角度地监测系统应用运行状况,科学区分各种预警和紧急状态,快速处理发生的事件与异常,导致自动化系统运行维护管理工作效率低下,无法实现故障处理、缺陷消除的流程化管理和满足自动化设备全寿命周期管理的要求。鉴于目前介绍电力调度自动化系统运维管理技术的书籍较少,作者在总结多年从事调度自动化系统运维管理和技术研究的基础上,借鉴信息行业先进运维理念,并参考了大量文献编著了本书。

本书的主要特点是贴近电力调度自动化系统运维生产实际，引入 ITIL 等信息行业先进理念，全面讲述运维管理技术相关知识。本书首先给出电力调度自动化系统基本概念及其运维内容、特点和面临的问题，并简要介绍了 ITIL 等信息系统运维理念；然后从运维体系建设、运维工作组织与管理、机房基础环境、巡检技术、运维服务质量评价等方面对系统运维管理技术作了详细的介绍，并通过实际案例介绍了运维管理平台的设计。

　　由于时间和编者水平所限，书中难免有错误和缺点，希望读者批评指正。

编　者

2017 年 7 月

目录

3

5

1

电力调度自动化系统运维管理技术概述

1.1 电力调度自动化系统运维服务

所谓调度自动化,是由传统的远动技术发展起来的,主要服务于电网调度的自动化系统。随着变电站数字综合化的发展和无人值班的推广,调度的工作压力和工作量显著增长。减轻调度员工作强度,提供丰富技术支持手段,进一步提高调度员的调度能力和素质一直是调度自动化工作的目标,也是调度自动化作用于电网运行的方向。电网地理分布辽阔,结构复杂,已成为人类制造的最复杂的系统之一,要管理如此庞大的系统,仅依靠一次设备和继电保护已不能完全满足电网的安全运行。在美加大停电后,各国都加强了电网管理,强调统一调度,力图通过调度自动化系统的重要作用来提高电网的安全运行水平。

电力调度自动化系统是指直接为电网运行服务的数据采集与监控系统,包括在此系统运行的应用软件,是在线为各级电力调度机构生产运行人员提供电力系统运行信息、分析决策工具和控制手段的数据处理系统。电力调度自动化系统是保证电网安全和经济可靠运行的重要支撑手段之一。随着电网不断地发展,电网的运行和管理需求也在不断地变化,要保证电力生产的安全有序进行,作为重要支柱的调度自动化系统要适应电网需求的发展。

电力调度自动化系统的主要功能包括:数据采集、信息处理、统计计算、遥控、报警处理、安全管理、实时数据库管理、历史库管理、历史趋势、报表生成与打印、画面编辑与显示、Web 浏览、多媒体语音报警、事件顺序记录、事故追忆、调度员培训模拟等。重要节点采用双机热备用，提高系统的可靠性和稳定性。当任意一台服务器出现问题时，所有运行在该服务器上的数据自动平滑地切换到另一台服务器上，保证系统正常运行。调度主站是整个调度自动化监控和管理的核心，从整体上实现调度自动化的监视和控制，分析电网的运行状态，协调变电站内 RTU 之间的关系，对整个网络进行有效的管理，使整个系统处于最优的运行状态。

电力调度自动化系统在进入正常运行后，就进入系统运行和维护，即运维阶段。系统维护的目的是要保证系统正常和可靠的运行，并能使系统不断得到改善和提高，以充分发挥其作用。因此，系统维护要有计划、有组织地对系统进行必要的改动，以保证系统中的各个要素随着环境的变化始终处于最新的、正确的工作状态。

系统维护在整个生命周期内容易被忽视，因为人们热衷于系统开发，而多数情况下开发队伍在系统完成后容易被解散或撤走，系统开始运行后并没有配置适当的系统维护人员。这样，系统发生问题或运行环境发生改变后，用户就无法正常使用。随着系统应用的深入及使用寿命的延长，系统维护的工作量越来越大，费用也越来越多，再加上系统维护工作的挑战性不强，成绩不显著，使很多技术人员不安心于系统维护工作，也是造成人们轻视维护的原因。但系统的维护是系统可持续运行的重要保障，必须重视运维。

1.1.1 电力调度自动化系统运维服务的内容

电力调度自动化系统运维服务根据运维对象的不同，其内容可分为以下 5 个方面：

①系统应用程序维护。自动化系统的业务处理过程是通过应用程序的运行而实现的，一旦程序发生问题或业务发生变化，就必然引起程序的修改和调整，因此，系统维护的主要活动是对程序进行维护。

②数据维护。业务处理对数据的需求是不断发生变化的，除了系统中主体业务数据的定期正常更新外，还有许多数据需要进行不定期的更新，或随着环境或业务的变化而进行调整，以及数据内容的增加、数据结构的调整。此外，数据的备份与恢复等，都是数据维护的工作内容。

③代码维护。随着系统应用范围的扩大、应用环境的变化，系统中的各

种代码都需要进行一定程度的增加、修改、删除,以及设置新的代码。

④硬件设备维护。主要是指对主机及外设的日常维护和管理,如机房设备里的机器部件的清洗、润滑,设备故障的检修,易损部件的更换等,这些工作都由机房人员负责,定期进行管理,以保证系统正常有效地工作。

⑤机构和人员的变动。自动化系统虽然自主性很高,但也需要人工处理,人的作用占主导地位。为使自动化系统的工作更加可靠、高效,有时涉及机构和人员的变动,需定期进行业务关系协调。

1.1.2　电力调度自动化系统运维服务的特点

电力调度自动化系统运维服务的目的是为确保系统能够安全稳定运行,其工作任务存在整个运维服务生命周期内的所有阶段和方面,服务职能也涉及服务实施的所有方面。因此,电力调度自动化系统运维服务根据不同情况设置相应的运维服务管理机构,如机房管理部门、系统维护部门等。

电力调度自动化系统运维服务采用了信息技术,实现了半自动化的目的,解放了大量人力资源,部分解决了厂商服务技术覆盖面窄的问题。而且采用信息技术,专业技术性强,解决了企业维护技术力量不足的问题,使企业从技术复杂、整合难度高的基础设施运维中解脱出来,专注于自身业务的发展。除此之外,电力调度自动化系统运维服务成本低,能降低用户高昂的服务费用。在系统内部,信息技术的不断创新与应用还使得电力调度自动化系统运维服务的内部结构不断调整,推进价值链分工不断细化。

尽管电力调度自动化系统运维服务有以上优点,但其管理方法却是被动式的应急服务管理,即由应用专业主导,提出需求,自动化专业被动接受任务,与厂家协调开展系统应用运维,在专业应用与运维过程中,发现缺陷,处置缺陷。管理对象有厂商及运维人员、基础设施、软件、硬件等,管理工作包括信息安全管理、厂商及人员管理、运维工作管理和机房管理。

1.1.3　存在的问题

系统运维的管理方法存在业务众多管理落后的现实状况,电力调度自动化系统涵盖范围广,专业系统众多,是由多种硬件、软件共同构成的一个复杂的运行系统,各种硬件装置较多,而且这些系统分布于各个地域,通信环境非常复杂。监管这样的系统,需时刻关注大量繁杂数据:机房环境参数、设备运行状况、网络流量、厂站数据采集情况等。这些数据数量巨大,分布分散,且格式不一,可理解性差。

对管理人员来说,查看数量巨大的数据费时费力,且会遗漏重要信息。管理员容易湮没在大量的各种运行数据中,无法从这些数据中快速获取所需的管理与安全信息,对系统中各种事件与故障也无法准确识别、及时响应,以致直接影响整个安全防御体系效能的有效发挥。各级电力部门一般都采用了一些通用的安全产品,如防病毒系统,入侵检测系统等。这些安全产品大都是以传统的元素监控为出发点,基于各自独立的派系式模式,即使在同一网络的不同区域也是各自为政,甚至普遍存在同一机房中同时使用多套分散监控工具的局面,更谈不上从电力应用的业务宏观角度去主动管理整体的架构。电力部门缺乏对电力系统中特有的业务系统与安全产品等的监管。现有运行维护与安全管理基本还停留在人工管理与制度约束的阶段,缺乏人、技术、流程结合的有效机制与技术手段。运维管理水平较低,不能完成故障和问题的闭环处理,同时运维经验与知识无法以有效方式积累。

1.2 电力调度自动化系统运维管理面临的新形势

目前,从全国电网企业来看,省级调度部门既要从事自动化专业的管理工作,又要承担自动化系统大量的日常运行维护工作,面临人员短缺、工作复杂烦琐等一系列困难,无法专注于自动化专业管理,因此,迫切需要整合运行监视、机房管理、厂商管理、安全管理、缺陷处理等运维工作,探索运维管理新模式、新方法,从而将省级调度部门从繁杂的运维工作中解放出来,专注专业管理和专业发展,完善提升调度控制系统的功能,提升主站系统的运维水平。

总体来讲,电力调度自动系统正朝着数字化、集成化、网络化、标准化、市场化、智能化的方向发展。

①数字化。随着信息化的普及和深入,越来越多的目光投向了数字化变电站和数字化电网的研究开发。电网的数字化包括信息数字化、通信数字化、决策数字化和管理数字化4个方面。

②集成化。集成化是指要形成互联大电网调度二次系统,这种系统需要综合利用多角度、多尺度、广域大范围的电网信息以及目前分离的各系统内存在的各种数据。调度数据集成化就是要实现调度数据的整合,实现数据和应用的标准化,实现相关应用系统的资源整合和数据共享,实现电网调度信息化和管理现代化,从而为实现调度智能化服务。

③网络化。互联网络化体现在两个方面:一方面是指不同层次的调度中心主站间的广域网通信,例如,地调和省级电网调度(以下简称省调)、地调和县级电网调度;另一方面是指调度主站与直属电厂和变电站间的远程通信。

④标准化。标准化包括遵循标准和制订新标准两个方面的含义。遵循标准并不是目的,而是一种技术手段,只有标准化才能实现真正意义上的开放。目前与调度自动化系统相关的重要的国际标准包括 IEC61970,IEC61968 和 IEC61850 等,国内相关厂家均对这些标准给予了高度的重视。随着对这些标准的研究理解、相互操作实验及实际应用的不断深入,标准化的目标已经渐行渐近了。

⑤市场化。未来的调度自动化系统和电力市场的运营系统需要紧密地结合在一起,在传统的 EMS 和 WAMS 应用中更多地融入市场的因素,包括研究电力市场环境下电网安全风险分析理论,以及研究市场环境下的传统 EMS 分析功能,如面向电力市场的发电计划的安全校核功能、概率性的潮流及安全稳定计算分析、在线可用输电能力(ATC)的分析计算等。

⑥智能化。智能调度是未来电网发展的必然趋势。智能调度技术采用调度数据集成技术,有效整合并综合利用电力系统的稳态、动态和暂态运行信息,实现电力系统正常运行的监测与优化、预警和动态预防控制、事故的智能辨识、事故后的故障分析处理和系统恢复、紧急状态下的协调控制,实现调度、运行和管理的智能化、电网调度可视化等高级应用功能并兼备正常运行操作指导和事故状态的控制恢复,包括电力市场运营、电能质量在内的电网调整的优化和协调。调度智能化的最终目标是建立一个基于广域同步信息的网络保护和紧急控制一体化的新理论与新技术,协调电力系统元件保护和控制、区域稳定控制系统、紧急控制系统、解列控制系统和恢复控制系统等具有多道安全防线的综合防御体系。

1.3 运维服务的概念

运维(Operation)一般是指对已经建立好的大型组织的网络软硬件的维护,传统的运维指信息技术运维(IT 运维)。

随着信息化进程的推进,运维管理将覆盖并对整个组织运行。它支持管理信息系统涵盖的所有内容,除了传统的 IT 运维,还拓展了业务运维和日常管理运维。其参与的对象也从 IT 部门和人员,拓展到组织的管理层和各部门,及其相关的业务骨干。运维的最终结果是对软件运行中各种性能的维护。

运维的职责覆盖了产品从设计到发布、运行维护、变更升级及至下线的生命周期,其职责内容为:保证服务的稳定运行;考虑服务的可扩展性;从系统的稳定性和可运维性的角度,提出开发需求;定位系统的问题,甚至可以直接修正 bug;对突然出现的问题做到快速响应和处理。运维最基本的职责是保证业务能够稳定运行。大型公司对运维工作的要求很高,需要有精细的分工,因此,机房、网络和操作系统相关的底层工作分离出来由专人负责,成为系统管理部,而上层和应用产品相关的工作则由运维负责,成为运维部。运维工作的开展方式一般取决于所维护的业务特点需求,形成所需的多个主题方向进行开展。通常的解决方案中包括:事件管理、配置管理、变更管理、容量管理等主题方向。其日常工作主要有:对系统的需求和设计方案进行分析,在保证稳定性的前提下,思考有哪些地方可以加强,并与系统的开发人员进行有效的沟通;使用工具或编写程序对运营数据进行分析;编写程序建立相关平台,进而加强系统的稳定性。

运维服务以项目的形式进行管理,依据项目内的作业与要求,采用一定的手段和方法对其项目内的系统运行环境、业务系统等提供综合服务。狭义的运维服务的服务内容主要是系统日常运行保障和系统维护。其中系统维护包括:硬件系统、软件系统和运行环境等的维护。广义的运维系统服务内容除了上述服务内容外,还包括人员技术培训服务、咨询评估服务和系统优化改善服务等内容。

1.4 运维服务的管理理论

管理的基本职能是计划、组织、领导和控制。

(1)计划

计划是根据环境的需要和自身的特点确定在一定时期内的目标,并通过计划的编制协调各类资源以期顺利达到预期目标的过程。计划是管理的首要职能,计划职能的根本任务是确定目标,制订规则和程序,拟订计划并进行预测。

（2）组织

组织是为了实现某一特定目标，经由分工与合作及不同层次的权利和责任制度而构成的人群集合系统，是依据管理目标和管理要求把各要素、各环节、各方面从劳动分工和协作上、从纵横的相互关系上、从时间过程和组织结构上合理地组织成为一个协调一致的整体，最大限度地发挥人和物的作用。

（3）领导

领导是领导者为实现组织的目标而运用权力向其下属施加影响力的一种行为或行为过程。领导工作包括领导者、被领导者、作用对象、职权和领导行为5个要素。领导的本质是影响，领导者通过影响被领导者的判断标准来统一被领导者的思想和行动。

（4）控制

管理中的控制职能是指管理主体为了达到一定的组织目标，运用一定的控制机制和控制手段对管理客体施加影响的过程。

运维管理是指单位部门采用相关的方法、手段、技术、制度、流程和文档等，对运行环境（如软硬件环境、网络环境等）、业务系统本身和运维人员进行的综合管理。在运维过程中需要建立一套科学的管理制度，比如，运维服务管理体系、运维服务管理方式及流程、运维组织及日常管理制度和运维服务外包管理等，以保障整个运维服务管理工作切实发挥其实用性、高效性。

运维服务管理主要包括运维平台和运维手段建设，岗位职责规范，制度及流程的制订、变更和执行，工作监督、检查和绩效考核，人员素质的培养和提高，数据交换及应用，系统安全及容灾管理等，要按故障处理规程做好各种故障的审核审批和处理工作，协调运维各岗位间的工作关系和顺畅联系，落实上级下达的运维工作任务，不断提高运维工作质量和效率。

完善的运维组织与管理不仅是运维体系稳定运行的根本保证，同时也是实现运维服务管理人员按章有序地进行信息系统运维服务、减少运维中不稳定因素、提高工作质量和水平的重要保障。

1.5　基于 ITIL 的电力调度自动化运维管理技术的探索

电网调度自动化系统涵盖面广，业务系统众多，软硬件平台各异，网络通信复杂，电网和自动化系统数据利用率低，IT 运维信息分散、可理解性差等诸多原因,运维人员难以快速获取运维所需的关键信息,对系统中各种故障与事件无法及时响应、准确定位和快速处理,以致直接影响整个自动化系统运维效能的充分发挥。因此,电力企业需要规范、高效的电力调度自动化运行维护体系和资源。

如何在有限的投入下尽快建立高效、规范的电力调度自动化运维体系,提高电力调度自动化管理水平,改善电力业务系统的运行质量,已经成为当前各电力公司自动化主管面临的重要问题。ITIL(信息技术基础架构库)是管理科学在 IT 基础架构的应用,并以结构化方式编写了一套丛书。ITIL 做到了基于最佳实践为企业提供 IT 服务管理的指导,为企业的服务管理实践提供了一个客观严谨、可量化的标准和规范。ITIL 具体提供的内容及其特点如下:

(1)关于 IT 基础架构、战略、战术、运作管理的指导性丛书

ITIL 从发布的第一天起就免费供企业和政府部门参照使用。同时,任何公司均可以 ITIL 为基础提供增值产品和服务,比如培训指导和开发支持 ITIL 的软件和工具。

(2)一套系统化、给予最佳实践的流程框架

ITIL 各部分之间并无严格的逻辑关系,与一般的标准——先设计整体框架再细化各部分的"自顶向下"的设计方式不同,ITIL 的开发过程"自下而上"。ITIL 具有来源于实践,经过合理的提炼,反过来又可以指导实践。

(3)质量管理方法和标准

由于 IT 部门是从技术而不是业务的角度考虑问题,故往往业务的运作效率不高,而运作成本却不低。ITIL 提供了解决这些问题的办法,即 ITIL 贯彻质量思想,应用质量的方法和标准来管理信息技术服务。整个过程关注的不仅仅是 IT 部门是否提供了某种服务,更重要的是 IT 部门是否提供了让客户满意的服务。

ITIL 目前已在全世界范围内广为采用,趋于成熟。ITIL 提供的指导性框架可以保留组织现有 IT 管理方法中的合理部分,还可以增加必要的技术,方便各种 IT 职能间的沟通和交流。

除此之外,ITIL 还具有很高的商业价值,具体如下:

①确保 IT 流程支撑业务流程,在整体上提高了业务运作的质量。

②通过故障管理流程、变更管理流程和服务台等提供了更可靠的业务支持。

③客户对 IT 有更可靠的期望,并更加清楚为达到这些期望他们所需要

付出的成本。

④提高了客户和业务人员的生产效率。

⑤提供了更加及时有效的业务持续性服务。

⑥客户和信息技术服务提供者之间建立起更加融洽的工作关系。

⑦提高了客户满意度。

总之,企业实施 ITIL,有助于进行完善的服务管理。在 ITIL 的各个流程管理中,可以直接与各个业务部门相互作用,实现对业务功能及流程的重新设计,达到降低成本、缩短周转时间、提高质量和增进客户满意度的目标。

电网企业应充分发挥科技创新对精益运维的先导作用,根据精益运维的实际需要,引进国内外先进技术。根据 ITIL 的特点,基于国际先进的运维流程底层引擎支撑技术和运维流程可视化管理技术的 ITIL 自动化系统运维模型符合当前电网公司的需求,成为电力调度自动化系统运维服务的最佳选择。

1.6　ITIL 简介

1.6.1　ITIL 的概念与由来

ITIL(Information Technology Infrastructure Library)即 IT 基础架构库,是英国国家电信局于 20 世纪 80 年代开发的一套企业 IT 服务管理标准库,主要适用于 IT 服务管理(ITSM),为企业的 IT 服务管理实践提供一个客观、严谨、可量化的标准和规范。ITIL 主要包括 6 个模块,即业务管理、服务管理、ICT 基础架构管理、IT 服务管理规划与实施、应用管理和安全管理,其中服务管理是其最核心的模块,该模块包括"服务提供"和"服务支持"两个流程组,形成了"以流程为中心"的 IT 服务管理方法理论思想。

20 世纪 80 年代末,英国政府为了提高政府部门信息技术服务质量,邀请国内外知名 IT 厂商和专家共同开发一套规范化的、可进行财务计量的 IT 资源使用方法。这种方法独立于厂商并且可适用于不同规模、不同技术和业务需求的组织,最终演变成现在被广泛认可的 ITIL。

ITIL 虽然最初是为英国政府部门开发的,但它很快在英国企业中得到广泛认可,此后,英国政府中央计算机与电信管理中心(CCTA)又在 HP,IBM,BMC 等主流信息技术资源管理软件厂商多年来所做的一系列实践和探索的基础之上总结了信息技术服务的最佳实践经验,形成了一些基于流程的方法,即如今的 ITIL,用于规范信息技术服务的水平,旨在解决信息技术服务质量不佳的情况。

20 世纪 90 年代初期,信息技术基础架构库(ITIL)被介绍到欧洲的其他国家,并在这些国家得到应用。2004 年 8 月,澳大利亚将 ITIL 作为国家信息建设服务的管理标准,是继英国后第一个采用 ITIL 作为企业信息系统建设统一标准的国家。2005 年 9 月,澳大利亚的维多利亚州税务局获得了国家颁发的 ITIL 认证证书,成为世界上第一个获得 ITIL 权威认证的政府机构。2005 年 8 月,美国州政府首席信息办公室发布了针对美国政府机构 IT 管理的指导框架《成功之道:IT 管理框架》,该框架将 ITIL 作为美国企业在 IT 管理、运行和维护等诸多领域的主要实践标准。如今,ITIL 在美国已经逐步发展成为许多大、中、小型企业服务运维管理的主要实践框架,并广泛应用于不同业务流程需求和不同实践技术层次的企业组织中。

由于 ITIL 为企业的 IT 服务管理实践提供了一个客观、严谨、可量化的标准和规范,企业的 IT 部门和最终用户可以根据自己的能力和需求定义自己所要求的不同服务水平,参考 ITIL 来规划和制订其 IT 基础架构及服务管理,从而确保 IT 服务管理能为企业的业务运作提供更好的支持。对企业来说,实施 ITIL 的最大意义在于把 IT 与业务紧密地结合起来,从而让企业的 IT 投资回报最大化。美国的宝洁公司在实施 ITIL 框架技术的近 5 年时间里,相应的管理和技术人员的数量减少了近20%,节约了近 7 亿美元的 IT 维护费用,大大降低了企业运营的成本。

1.6.2 ITIL v1

20 世纪 80 年代末期,随着企业信息化建设高潮的兴起,人们在高度重视企业信息化的同时也遇到了许许多多的难题,其中包括企业 IT 部门与业务部门之间存在着结构性的缺陷,即信息技术提供和信息技术支持与企业业务需求之间存在着"程序性和规范性"确实的矛盾,这种矛盾极大地影响了企业信息化进程,削弱了企业竞争力,阻碍了企业的发展,信息技术基础架构库 ITIL v1.0 版本就是在这样的大环境下产生的。ITIL v1 是一个由 31 本图书构成的庞大的方法论知识体系。

ITIL v1 的不足之处在于各本图书以及各流程之间存在着重复和不一致的地方。

1.6.3　ITIL v2

为了解决 ITIL v1 各图书以及各流程之间存在的问题,1999 年英国商务部(OGC)启动了修订 ITIL v1 版本的工作,陆续形成了新的方法论知识体系,历经 3 年于 2001 年正式发布 ITIL 的第二个版本,ITIL v2。

1)ITIL v2 架构的模块

ITIL v2 整个架构由 6 个模块构成,即业务管理、服务管理、ICT 基础架构管理、IT 服务管理规划与实施、应用管理和安全管理。这 6 个模块的含义以及它们之间的关系如图 1.1 所示。

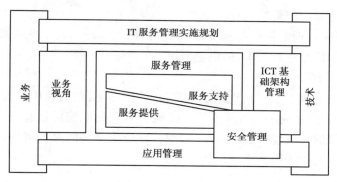

图 1.1　ITIL 的架构

(1)业务管理

ITIL 所强调的核心思想是应该从客户(业务)而不是 IT 服务提供者(技术)的角度理解 IT 服务需求。也就是说,在提供 IT 服务的时候,首先应该考虑业务需求。业务管理这个模块就是用于帮助业务管理者如何利用商业思维分析 IT 问题,深入了解 ICT 基础架构支持业务流程的能力和 IT 服务管理在提供端到端 IT 服务过程中的作用,以及协助他们更好地处理与服务提供方之间的关系,以实现商业利益。

(2)服务管理

服务管理模块是 ITIL 架构的核心模块,它是 ITIL 与其他 IT 管理方法最不同的地方,即以一系列典型流程的方式把大部分 IT 管理内容进行了合理划分和管理。服务管理模块由服务支持和服务提供两个子模块构成。其中,服务提供由服务等级管理、IT 服务财务管理、IT 服务持续性管理、可用性管理和能力管理 5 个服务管理流程组成;服务支持由事故管理、问题管理、配置管理、变更管理和发布管理 5 个流程及服务台职能组成。

（3）ICT 基础架构管理

IT 服务管理的本质也是对 ICT 基础架构的管理，只不过它采取的是一种与通常的管理方法不同的方式，即对 ICT 管理的任务标准化和模块化，然后打包成服务按需提供给客户。ICT 基础架构管理模块覆盖了 ICT 基础架构管理的所有方面，从识别业务需求、实施、部署及支持和维护基础架构。其目标是确保提供一个稳定可靠的 IT 基础架构，以支撑业务运作。

（4）IT 服务管理规划与实施

ITIL 基本上只告诉人们要做什么（What），没有告诉如何做（How），因此，提供一个一般性的规划和实施方法是非常必要的。IT 服务管理规划和实施模块即是用于解决这个问题的。它为客户如何确立远景目标，如何分析现状、确定合理的目标并进行差距分析，如何实施活动的优先级，以及如何对实施的流程进行评审，提供全面指导。

（5）应用管理

IT 服务管理包括对应用系统的支持、维护和运营，而应用系统是由客户或 IT 服务提供者或第三方开发的。IT 服务管理的职能应该合理地延伸，介入应用系统的开发、测试和部署。应用管理模块解决的是如何协调这两者，以使它们一致地为服务于客户的业务。

（6）安全管理

安全管理模块是 ITIL1.0 版本发布之后加入的，其目标是保护 IT 基础架构，使其避免未经授权地使用。安全管理模块为如何确定安全需求、制订安全政策和策略及处理安全事故提供全面指导。

2）ITIL v2 的操作性流程

ITIL v2 服务支持六大操作性流程属于服务管理模块的服务支持流程，目标是确保使用者执行业务时能够得到适当的服务，确保信息技术服务提供者（包括企业组织内部的 IT 部门和信息技术服务外包厂商）所提供的服务质量，以符合服务水平协议的要求。六大操作性流程（五大服务支持流程＋一个服务台职能，严格来说，其中服务台应该属于职能，而非流程）框架如图 1.2 所示。

（1）服务台（Service Desk）

服务台就是通常所指的帮助台和呼叫中心，只不过服务台的概念更广一些。它是一种服务职能（Function），而不是管理流程。服务台每天为 IT 用户提供服务窗口。用户对 IT 服务存在不满、疑问和建议等，可以反馈到服务台。服务台同时也是用户使用 IT 服务的登录点，因此服务台直接映射到

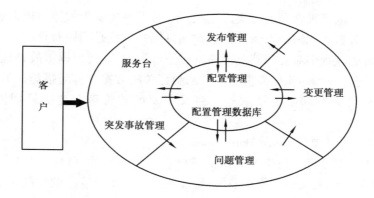

图 1.2 服务支持流程框架图

IT 服务品质。另外,服务台也要负责尽快地协助顾客恢复服务的运作,比如提供使用索引、修正,或针对某一意外事件的补救措施。但服务台不负责意外事件的分析,这种深入分析属于问题管理和事故管理的范畴。

(2)配置管理(Configuration Management)

配置管理是识别和确认系统的配置项、记录并报告配置项的状态和变更请求、检验配置项的正确性和完整性等活动构成的过程。配置管理的目的:维持配置管理数据库(CMDB)中每个 IT 基础建设的配置记录;提供配置项目的报表,报表包括一些管理信息,如问题记录、变动记录、版本信息、状态信息和关系信息等。配置管理相当于 ITIL 的实体控制中心,用来控制和协调各个 IT 基础架构组件,从而更好地支撑服务台的工作。

(3)事故管理(Incident Management)

事故是指任何不符合标准操作且已经引起或可能引起服务中断和服务质量下降的事件。事故管理的目的就是在出现事故的时候,能够尽可能快地恢复服务的正常运作,避免业务中断,以确保最佳的服务可用性级别。事故管理是处理 IT 的危机并要从中恢复运转。

(4)问题管理(Problem Management)

问题是导致一起或多起事故的潜在原因,而问题管理的目的是尽量减少服务基础架构、人为错误和外部事件等缺陷或过失对客户造成影响,并防止它们重复发生的过程,以维持一个稳定的 IT 服务环境。问题管理一般有发现问题、记录问题、分类问题和分析问题几个过程,从而达到持续维护问题数据库,并实现错误控制的目的。但是知道了解决的方法后,却不一定马上要修改,必须考虑问题的严重性及成本,有可能在下一个版本发布的时候才修正。事故管理强调的是快,只能治标,对于事故发生的根源还需进一步深入调查分析才能对症下药、达到治本的目的,这就是问题管理的目标。在问题管理的流程中需要与其他管理流程进行沟通,需要根据事故管理、可用性管理、配置管理等流程提供的信息来制订解决方案和应对措施。另外,它产生的解决方案和变更请求等信息又需要事故管理和变更管理流程的配合。

(5)变更管理(Change Management)

变更是对已批准构建或实施的或已在维护的硬件、软件、网络、应用系统、环境以及相关文档所作的增加、修改或移除。变更管理的目的是要确保在 IT 服务变动的过程中能够用标准化的方法,有效地监控这些变动,以降低或消除因为变动所引起的问题。这里的"变动"是指一些在 IT 基础建设项目上的动作所造成一个新的状态,所有在配置项目上的变动都必须纳入变更管理的控制范围。变更管理不仅要求找到解决问题的方法,更需要变更IT 基础设施,以便从根本上解决问题或事故。

(6)发布管理(Release Management)

发布是指一组经过测试后导入实际运作环境的新增的或经过改动的配置项,包括硬件、软件、文档流程及其他组件的集合,用于实现一个或多个批准的信息技术服务变更。发布管理流程从全局的角度监察 IT 服务的变化,并确保经过完整测试的正确版本得到授权进入正式运作环境。发布管理通过设计和实施有效的程序来分发 IT 系统的变更,保障所有软件模块的安全性,确认所有的最终软件库中软件是安全可靠的。

1.6.4 ITIL 的实施步骤

ITIL 是一套 IT 服务管理的方法论,它来源于实践,是从众多企业在 IT服务管理方面的成熟和优秀实践中提炼而来的,具有一定的抽象性。在应用时不能生搬硬套,应根据企业的具体情况加以必要的调整和改进,并制订出一套行之有效的实施和推广措施,才能让它焕发出应有的光彩。要想 ITIL能够很好地实施,可以按照以下几个步骤进行:

(1)争取领导层的同意

ITIL 的引入将会给企业带来巨大的变革,无论是对企业文化,还是原有的工作模式,甚至企业的组织结构都会带来变动,要在企业得到广泛认可和接受需要一个过程。在初期,这种变革必定会带来质疑,甚至是抵触,这些抵制情绪或行为可能会严重阻碍 ITIL 的推行,带来的影响可能是致命的,这个时候领导的决断至关重要,因此,如能获得领导层的认可与支持,甚至是能让领导层亲自参与,对消除或缓解推行过程中的不利因素尤为重要,从而保障 ITIL 的成功引入。

只要改变了 IT 部门传统的以技术为中心的运营模式,不再以技术为中心,而是以流程为中心,以服务为导向,必将会带来企业文化与运营模式的变革。

(2)实施前充分铺垫

对于企业中的大部分员工来说,ITIL 可能是新生事物,对它的了解还不够具体和充分,因此在着手实施之前就应做好充分的"铺垫",即对 ITIL 进行宣传和介绍,让员工予以充分认知,明白 ITIL 是什么、能带来什么益处等,继而认可它。这样才能在实施和推广时获得员工的认可和支持,减少潜在的抵触因素。

"铺垫"的方式可多样,如印制宣传画报或台历,制作 ITIL 知识小手册等分发给所有员工;举办培训班,培训内容最好根据不同阶层员工加以区分,因为他们的关注点会有差异;开展 ITIL 知识竞赛、沙盘演练等。在准备实施之前,对 ITIL 进行充分"预热",营造氛围,提升员工对 ITIL 的认知度,将会给后期的实施和推广工作带来很大的帮助。

(3)递进式部署

"罗马不是一天建成的",同样 ITIL 的实施也不是一蹴而就的。ITIL 的引入会改变员工原有的工作模式,如一次实施过多的流程、涉及过多的业务系统,员工会极不适应,容易引发抵触情绪,不但达不到预期的效果,反而会导致流程混乱,流程整合水平低下,员工怨声载道。

在确定引入 ITIL 时,首先应对企业的现状和愿景予以充分的评估,找出现状与愿景间的差距,制订远景规划和目标。然后依据企业实际情况,将远景目标进行拆分,分成若干个阶段实现,循序渐进,递进式部署。

通常情况下,一般先从实施服务台、事件管理、配置管理开始,然后实施配置、变更、问题管理,再实施发布和服务级别管理,后续再根据实际需要逐步部署。而在具体推广应用时,初期所涉及范围也不应过大,最好采用先局部后整体、由点及面的方式。

(4)结合实际设计流程

服务流程是 ITIL 的核心内容,服务流程设计的好坏,往往能对一个 ITIL 项目的成功与否起到关键作用。

在企业中通常业务系统众多,各业务系统的部署和运维模式各有其特点,如何从众多的业务系统中梳理出一套统一规范、又能符合各业务自身特点的流程成为关键。最常见的误区是:ITIL既然是最佳实践,是业界事实上的标准,那么它所定义的就是最好的,即使设计出来的流程与业务系统的实际不符,那也得遵从。最终,流程虽是标准、统一、规范了,但实际上根本没人用它,员工极度抵制,形同虚设。

正确的做法是:首先,要承认并允许这种差异性存在。因为ITIL虽是从众多企业最佳的IT服务管理方法中提炼而来的,但对于一个企业来说,符合自身需要、并能切实提升IT部门的运营效率和服务水平的才是"最佳的"。其次,ITIL中只列出了各个服务管理流程的"最佳"目标、活动、输入和输出,以及各个流程之间的关系,而如何具体实现这些功能,却没有具体说明,企业需要根据实际需要采取不同的方式。

在具体设计流程时,各服务流程的主体结构设计应遵照ITIL所定义的目标、主要活动、输入和输出,确保各流程实现其应有的功能并能与其他流程相协调。同时,在不与这些主体流程设计内容造成冲突的情况下,充分考虑到各业务系统自身特点,进行个性化的定制,尽量符合或贴近IT员工实际工作需要。

(5)建立考核机制

ITIL是一整套方法论,核心是服务流程,而流程本身从某种意义来说也是一种规范或制度,既然是规范或制度,就必定带有一定的约束和强制执行力。诚然,在推广应用之初,服务流程可能会存在一定的缺陷,但这不应成为员工不接受ITIL的借口,任何事物在最初都不可能是完善的,存在的缺陷和不足会随着应用的过程不断得以修复和改进。如果ITIL的推广应用仅仅靠正面的推广和宣传来实现,力度是微弱的,员工可能仍然漠然视之,一定要建立相应的机制来保障ITIL的推行,最有效的方法就是建立考核指标进行考核,只有影响到员工切身利益时,才能更好地引导和推动ITIL的应用。

考核指标应依据不同服务流程的不同流程角色来制订。在推广初期,可先以激励为主,只对考核结果较好的员工予以奖励。之后随着推广的不断深入,逐步采用奖惩结合的方式来强制和约束。

(6)持续改进

ITIL的实施不是一劳永逸的,要想让它落地生根,并结出果实,必须持续性地对其进行改进,与实际需要保持吻合。由于业务系统自身技术的不断更新(ITIL本身也在不断更新),以及部署结构和运营模式的调整,各服务流程会变得越来越不适应实际需要,这就必然需要持续对各服务流程进行优化,从而与实际保持一致。在流程设计之初应设置流程负责人,定期负责对涉及的各业务系统不同层次的用户进行回访,广泛收集需求和建议,汇总分析,对各服务流程进行改进,确保流程的实用性和合理性。

（7）后期使用成熟的软件

企业对 IT 系统的管理是通过 IT 管理软件实现的,因此,选择适当的软件对成功实现 ITIL 的目标至关重要。虽在规模较小的企业里,由 IT 部门自身研发用于记录、跟踪事件之类的工具,甚至是纸质的记录可能就足够了,但对于具备一定规模的企业,尤其在大型企业中,IT 系统纷繁复杂,更加注重服务流程的自动化和电子化程度以及服务流程运转的高效性,这种方式显然不能满足实际需要。市场上各大主流 IT 厂商都开发了相应的软件产品,并得到市场的验证。ITIL 的实现不一定完全依赖于工具,但工具的使用,可实现流程运转的电子化和自动化,更能凸显流程运转的易控性和高效性,更能彰显 ITIL 所带来的好处。

2

电力调度自动化系统运维体系建设

2.1 自动化系统运维组织架构

合理的组织架构是实现自动化系统运维目标的前提。自动化系统运维工作涉及专业管理部门、业务需求部门、运行维护相关单位、各种运维人员、运维服务厂商等。如何调整自动化系统运维相关方的职责和定位,如何优化业务流程和沟通机制,对提高自动化系统运维管理水平和工作效率至关重要。

目前,大多数省级调控机构由自动化处负责自动化系统的建设、运行和维护等工作,自动化系统运维本身面临着管理对象多样化、管理工作复杂化、管理要求严格化等诸多挑战,同时,自动化处要负责省级电网域内自动化专业的归口管理工作,因此造成系统运维效率不高、业务需求部门满意度较低、运维专责疲于"救火"等局面。

为了解决自动化系统运维面临的实际问题,应对组织架构进行重新设计优化。再造自动化系统运维组织架构的主要思路是建立以值班服务台为中心,有效调动外部运维人员、运维涉及单位,发挥自动化处总体管理、运维专责日常管理监督职责的运维工作体系。自动化系统运维组织架构如图2.1所示。

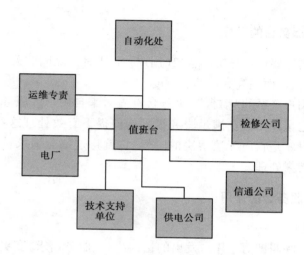

图 2.1　自动化系统运维组织架构示意图

2.2　自动化系统运维服务台

2.2.1　服务台的概念

服务台(Service Desk)在服务支持中扮演着一个极其重要的角色。完整意义上的服务台可以理解为其他 IT 部门和服务流程的"前台",它可以在不需要联系特定技术人员的情况下处理大量的客户请求。对用户而言,服务台起着"应答机"和"路由器"的作用,是用户与 IT 部门的唯一连接点,确保他们找到帮助其解决问题和满足其请求的相关人员。

服务台有时也被称为"帮助台(Help Desk)",但这两个概念的意义并不完全一样。帮助台的主要任务是记录、解决和监控 IT 服务运作过程中产生的问题,主要和事故管理相关联。服务台的概念具有更广泛的内涵,它通过提供一个集中和专职的服务联络点促进组织业务流程与服务管理基础架构的集成。

服务台不仅负责处理事故、问题和客户的询问,同时还为其他活动和流程提供接口。这些活动和流程包括客户变更请求、维护合同、服务级别管理、配置管理、可用性管理和持续性管理等。

2.2.2 服务台的目标

服务台的主要目标是协调客户(用户)和 IT 部门之间的关系,为 IT 服务运作提供支持,从而提高客户的满意度。

作为与用户联系的"前台",服务台首先对来自用户的服务请求进行初步处理。当它预计无法在满足服务级别的前提下有效处理这些请求,或是这些请求本身就是它所无法解决的时候,它就将这部分请求转交给二线支持或三线支持来处理。

2.2.3 服务台的作用

(1)响应用户呼叫

响应用户呼叫即对于用户发出的错误报告、服务请求、变更请求等事件进行记录和处理。这是服务台的主要工作。

(2)提供信息

服务台是为用户提供 IT 服务信息的主要来源,一般可以采用布告栏、E-mail、屏幕消息等方式为用户提供有关错误、故障或新增服务等方面的信息。

(3)客户需求管理和客户关系管理

服务台不仅仅是客户请求响应中心,同时也是客户关系管理中心,因此,服务提供方应采取必要的措施和使用适当的技术对服务台进行有效的管理,从而使服务台可以准确迅速地了解客户的需求,改善客户体验,提高客户满意度。这些措施和技术包括结构化询问技术、详细了解客户和跟踪客户、维护客户数据库和在客户中推广服务台等。

(4)供应商联络

在 IT 服务运作出现故障或因客户提出新的服务请求而需进行有关变更时,服务台通常需要负责与供应商进行联络以维修或替换有关的软硬件组件。

(5)日常运作管理

服务台承担的日常运作管理任务包括数据备份与恢复、磁盘空间管理、建立新用户和管理用户口令等。

(6)基础架构监控

利用相关工具对 IT 基础架构的运作情况进行监控,一旦检测到故障已经发生或即将发生,应该立即评估这种故障对关键设备可能产生的影响,并在必要时将检测到的故障报告发送至管理部门。

服务台的作用如图2.2所示。

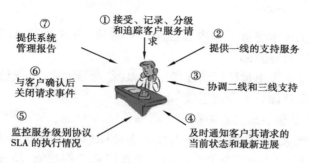

图2.2　服务台作用示意图

2.2.4　服务台人员的要求

服务台对人员要求主要为以下几个方面：

①以客户为中心。

②发音清晰。

③有条理。

④良好的人际沟通能力。

⑤具有忍耐性。

⑥能够理解业务目标。

⑦真诚地想成为第一级服务的提供者。

2.3　自动化系统三线运维

2.3.1　三线运维构成

自动化系统运维工作内容繁杂,既有故障处理、系统调优等技术性较高的服务,也有诸如咨询受理、设备重启等较为简单的事务性工作。为了使运维工作更加科学、合理、高效,按照工作内容及方式,将运维服务分为一线前台客户服务、二线后台运行维护、三线外围技术支持。

一线前台客户服务工作内容包括咨询受理、服务请求受理、故障受理、告警受理、统计分析和其他日常管理等事件。

二线后台运行维护工作内容涵盖日常运行、现场监护、设备巡检、应用分析、事件处理、故障处理、应急处理、系统调优、技术支持和数据维护等问题。

三线外围技术支持工作内容涉及设备巡检、事件处理、故障处理、系统调优和技术支持等方面。

二线运维主要由运维厂商驻场工程师、专责等组成,三线运维主要由运维厂商和公司资深技术专家组成。

二、三线被塑造成具有中高级工程师作业的平台,二线后台运行维护团队由厂商运维人员构成,三线外围技术支持团队由厂商资深工程师构成。作为专业技术人员,他们具有良好的专业知识和操作技能,经过了严格的筛选制度。特别是三线外围技术支持的要求十分严苛。如图 2.3 所示。

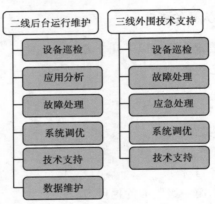

图 2.3　后天技术支持

2.3.2　三线运维关系

自动化调度值班员负责一线服务和部分简单二线运维工作,值班员无法解决的问题交由二线服务运维人员完成,对于难以解决的复杂问题,二线服务运维人员或值班员将其升级为三线运维事件,寻求三线外围资深技术专家支持。运维工作分级处置,不仅提高了运维效率,而且使运维工作更加顺畅,人力资源得到充分、高效、合理的利用。

图 2.4　三线运维工作量示意图

在之前的运维模式下,二、三线与服务台的结构尚未形成,运维体系十分混乱,技术人员的工作不能很好地调度,工作效率得不到提升。一些部门被闲置,造成了人力、物力和财力的浪费;一些部门则工作量巨大甚至难以负荷。

而新的体系之下,服务台承担了调度责任,协调与指挥各个部门的工作,使运维变得高效。二、三线承担设备巡检、故障处理、应急处理等重难点内容,能够解决服务台难以攻克的高、精、尖难题,形成强有力的技术保障,助力运维体系的完善。服务台在判断一线支持不能解决事件时,将事件转交给二线人员调查分析并处理。二线不能解决的,交由三线支持人员调查分析并处理。运维流程如图 2.5 所示。

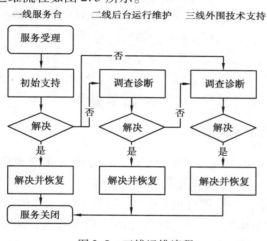

图 2.5 三线运维流程

2.4 自动化系统运维管理制度

管理章程是从规范部门和职员的角度出发,为实现工作的正常进行,对促进其长远有效发展具有重大意义。制订管理章程的作用不但在于可以规范职员的行为,实现制度面前人人平等,而且起到了法律般的补充以及政策应对作用,同时还能激发员工积极性,达到防范风险、有效监管的目的,在有限的时间与资源下能够使效率最大化。因此,管理章程及制度对运维工作来说具有重要意义。

2.4.1 管理章程的制订

规章制度是体现企业与劳动者在共同劳动、工作中所必须遵守的劳动行为规范的总和。依法制订规章制度是企业内部的"立法",是企业规范运行和行使人权的重要方式之一,企业应最大限度地利用和行使好法律赋予的这一权利。优秀的企业都看到了这一点,但实践中还有很多企业并未对此予以重视。成功的企业拥有多种制度,其效果是使企业运行平稳、流通、高效,防患于未然。建立规章制度主要是为了规范管理,使企业经营有序,增强企业的竞争实力。同时,制订规则,能使员工行为合矩,提高管理效率。因此,制订规章制度是建立现代企业制度的需要,是规范指引企业部门工作与职工行为需要,完善"劳动合同制",解决劳动争议不可缺少的有力手段。

鉴于规章制度对企业乃至一个部门的重要影响,针对自动化运行维护工作的规范运行,在已有的规章制度基础上作一定的修改,使之得到了更大程度上的完善,进一步提高运维管理水平以及规范化工作流程。规章制度可概括为运行值班类、机房工作类和安全管理类。

2.4.2 运行值班类章程

运行值班方面的制度主要包括《自动化运维工作管理规定》《自动化调度值班管理制度》和《运维室岗位管理办法》。

《自动化运维工作管理规定》是为适应自动化系统精益运维,提高运维工作管理水平而推出的,适用于自动化系统设备及机房基础设施运维工作的规章。其主要作用是制订缺陷分类标准、处理时限和汇报流程。

《自动化调度值班管理制度》是为了加强自动化调度运行值班交接班管理,确保自动化系统安全稳定运行而推出的。其主要作用是规定运行值班主要工作内容,规定交换班时间、内容和方式。

《运维室岗位管理办法》主要作用是介绍相关岗位职责,明确正副班分工协作内容。

2.4.3 机房工作类章程

机房的主要规章制度包括《自动化机房管理制度》《自动化"工作票"管理规定》和《自动化系统工作认证与准入管理规定》。

《自动化机房管理制度》是为规范自动化运行管理工作,保障调控中心自动化机房的正常工作秩序,确保自动化主站系统的安全、稳定运行而制订的,适用于在自动化机房内进行的有关安装、调试、运行和检修等工作。其主要内容包括机房设备、人员、工作、消防管理以及机房清洁的相关要求。

《自动化"工作票"管理规定》是为规范自动化系统软、硬件设备的运行维护,检修工作管理,确保自动化主站系统的安全、稳定运行而制订的。适用于在自动化处所负责管理、运维的电力调度自动化系统上进行的有关安装、调试、运行、检修等工作。其主要作用是明确主站工作票开具范围、填写规范、许可执行监督验收人员资质责任。

《自动化系统工作认证与准入管理规定》是为适应自动化系统精益运维,逐步建立自动化运维管控体系,规范开展厂商维护人员资格认证与准入工作,确保自动化系统的安全稳定运行而推出的。适用于自动化系统设备及机房基础设施维护厂商人员资格认证与准入管理工作。其主要作用是明确管理职责和认证与准入管理要求,包括资格认证与工作准入,即确定维护人员资质认证范围、时间、方式。

2.4.4　安全管理类章程

安全管理方面的制度主要包括《存储介质管理规定》《人员离岗离职安全管理规定》和《资产管理制度》。

《存储介质管理规定》是为了加强市调存储介质管理,保证自动化主站系统的正常安全运行而制订的。其主要内容包括配备专用安全笔记本、存储介质等维护工具,规范维护工具的保存、使用、监督检查。

《人员离岗离职安全管理规定》是为规范自动化主站系统信息安全工作,保证主站系统信息安全,适应信息安全等方面的需要,防止主站系统相关信息失密、泄密事件发生,更好地服务于主站建设需要而制订的。其主要内容包括规范离职或调岗人员账号、资料和资产的处理。

《资产管理制度》是为了加强自动化主站系统资产管理,确保资产的保密性、完整性和可用性而建制的。其主要内容包括资产分类、职责分类以及资产保存条件。主要作用是规范数据文件、软件、实物等资产的日常管理、巡视、维护、报废。

2.4.5　运维管理流程

流程是企业为了控制风险,降低成本,提高服务质量、工作效率等目的而制订的一系列规范化、标准化的方法或活动。通过制度、流程的建立与执行,做到"用制度管人、用流程管事",避免工作随意性、人为性带来的隐患。

通过制订"自动化调度值班工作流程""调度控制系统核心节点可用性激活流程""自动化机房巡视流程"等流程可以有效提高自动化运维工作的规范性。如图 2.6—图 2.8 所示。

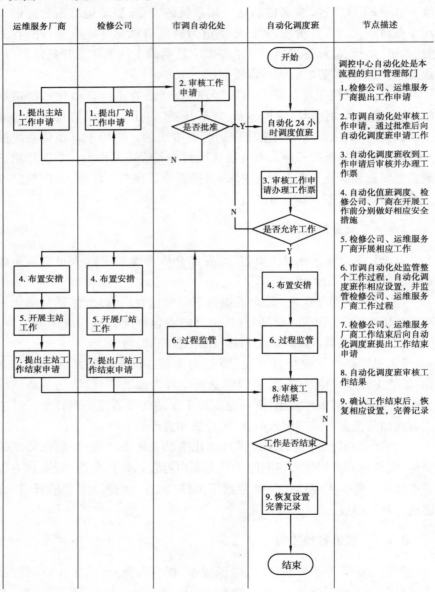

图 2.6　自动化调度值班工作流程

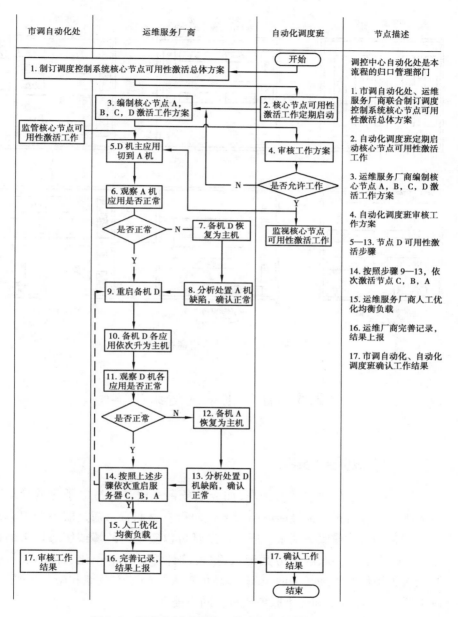

图 2.7 调度控制系统核心节点可用性激活流程

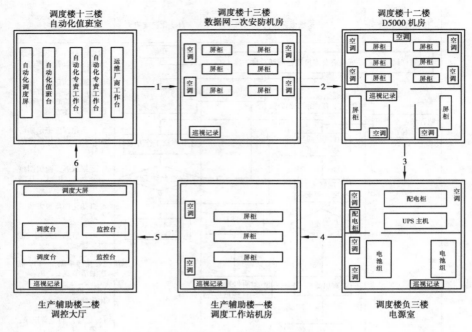

图 2.8　自动化机房巡视流程

2.5　自动化系统运维工具

2.5.1　服务台工具

随着办公信息化水平的提高,如今服务台一般是通过电子化的管理工具来确保服务台工作人员能够高效率地履行自身职责。通过服务台工具统一受理各种故障或服务请求。服务台工具可以实现对故障或服务请求的记录、分派、监督、通知、解决方案记录、报表统计等过程电子化、自动化,从而降低人工操作和管理带来的风险,提高值班人员的工作效率和服务水平,实现 IT 服务管理效率和运维服务质量的同步提升。

服务台管理工具需要具备以下功能需求:

①能帮助服务台值班人员快速响应服务请求。

②能对服务请求分类,将类似的服务请求归为一类,相同的服务请求申告内容可以修改合并。

③可针对不同的事件类型、处理状态、处理人员、组织架构等进行统计分析,并用图形显示。

④能够根据实现数据查询和报表定制。系统工具可按小时、日、周、月、年不同时间梯度对系统中数据进行汇总和整理。

⑤可以向后台制订运维人员发送模板化短信信息。

⑥和运维后台监控系统软件有效集成,能够接受监控软件产生的事件信息。服务台可以对接收到的信息进行必要的过滤和分类,方便后续处理。

⑦服务台软件可以与多种外围系统接口实现系统功能的扩展,例如监控系统、应用系统、E-mail、手机短信、用户 Web 录入等。

⑧具有远程支持功能,例如,在线聊天和处理交互式远程修复请求。

⑨提供工作流定制的 GUI 界面工具,通过拖拉操作,可以修改、定制不同的 ITIL 工作流程。

⑩服务台可以实现灵活的通知机制,通知的方式包括公文信息、短信、公告等。

⑪具有可分层维护的系统管理功能,能支持不同权限人员根据不同授权管理不同区域信息及相关配置的功能。

⑫与电话呼叫中心系统集成。

2.5.2　一体化监控平台

一体化综合监控平台重点针对调度技术支持系统、电能量主站系统、动力环境监控系统运行状态及异常情况进行集中统一监视。一体化综合监控平台通过各种不同接口适配器,从被管理对象处采集事件信息,进行相应处理、删选,建立并存储在故障信息数据库中。事件信息采集包括机房环境、关键应用、数据库、主机设备、网络设备及安全设备等。每类资源采集的指标应可配置,采集周期可根据需要调整。主要监视内容如下:

①主机设备:CPU 使用率、内存使用率、磁盘分区使用率等。

②网络设备:资源(CPU、内存)、网络端口连接状态、端口下载/上传流量等。

③数据库:表空间使用率、数据库运行状态等。

④机房环境:机房内的温湿度/漏水数据、实时视频监控、电源系统(UPS、配电柜)实时数据、精密空调、门禁系统等运行状态。

⑤关键应用:如 EMS 系统关键进程、SCADA、前置、AVC、AGC、状态估计等应用运行状态等。

⑥内网安全监视平台安防设备信息监视。

2.5.3　机房巡检工具

随着移动互联网的快速发展,电力企业移动信息化管理面临着前所未有的重大发展机遇。移动信息化技术在电力业务领域得到广泛应用,已经成为推动企业体制创新、技术创新和管理创新、增强核心竞争力的重要手段。随着电力信息化的快速发展,信息设备的种类、数量、部署范围和应用场景都在快速增加,给当前信息运维和检修工作带来很大的压力。

"基于移动互联网技术的智能机房巡检系统"(以下简称"移动机房巡检系统")能够有效提高信息运维和检修工作效率,达到运维和检修工作实时化的效果。该系统利用移动无线通信、GIS/GPS 定位等先进移动互联网技术,围绕信息系统机房基础设施和信息设备所涉及的巡检、检修、故障处理等典型业务流程,开发移动客户端软件及后台业务支撑系统,实现巡检、检修、故障处理等业务流程的无纸化、实时化、标准化和规范化,并构建移动多媒体通信模块,实现对外勤工作的现场沟通、现场问题与进展以及紧急事件协作处理的有效提升。系统建设定位"移动机房巡检系统"建设的定位是针对电力信息系统基础设施和信息设备的巡检、检修、故障处理三项业务实现标准化作业,无纸化办公,并通过多媒体通信、设备履历、数字导航等方式实现可视化现场信息反馈、远程协同作业以及管理人员对现场作业人员、作业现场实现有效的管理。

"移动机房巡检系统"的功能包括巡检、检修、故障处理、移动多媒体通信以及辅助业务 5 大业务模块。其中,巡检业务模块包括巡检计划填报、计划审核、工单派发、工单处理、计划查询、信息提醒、申请完工、完工审批等业务功能;检修业务模块包括检修单派发、申请开工、批复开工、检修处理、申请完工等业务功能;故障处理业务模块包括缺陷上报、缺陷单查询等业务功能;移动多媒体通信业务模块包括语音、多媒体沟通、语音会议、视频会议、群组聊天及通讯录等业务功能;辅助业务模块包括专家库、设备履历和数字导航等功能。

3

自动化系统运维组织与管理

3.1 自动化系统日常运维管理

电力调度自动化系统本质上是信息系统,具备信息系统所具有的基本特质。信息系统的日常运行管理工作量巨大,包括数据的收集、例行信息处理及服务、计算机硬件的运维和系统安全管理等任务。

1)数据的收集

数据的收集一般包括数据收集、数据校验及数据录入三项子任务。

如果系统数据收集工作不做好,整个系统的工作就成了"空中楼阁"。因此,系统的主管人员应努力通过各种方法,提高数据收集人员的技术水平和工作责任感,对他们的工作进行评价、指导和帮助,以便提高所收集数据的质量,为系统有效的运行打下坚实的基础。数据校验的工作,在较小的系统中,往往由系统主管人员自己来完成。在较大的系统中,一般需要设立专职数据控制人员来完成这一任务。数据录入工作的要求是及时与准确。录入人员的责任在于把经过校验的数据送入计算机,他们应严格地把收到的数据及时、准确地录入计算机系统,但录入人员并不对数据在逻辑上、具体业务中的含义进行考虑与承担责任,这一责任由校验人员承担,他们只需保证送入计算机的数据与纸面上的数据严格一致即可。

2）例行信息处理及服务工作

常见的工作包括：例行的数据更新，统计分析，报表生成，数据的复制及保存，与外界的定期数据交流等。这些工作一般来说都是按照一定的规程，由软件操作员定期或不定期地运行某些事先编制好的程序。这些工作的规程应该在系统研制中已经被详细规定好，操作人员应经过严格的培训，清楚地了解各项操作规则，了解各种情况的处理方法。组织软件操作人员完成这些信息处理及信息服务工作，是系统运行中又一项经常性的任务。

3）计算机硬件的运维

如果没有人对硬件设备的运行维护负责，设备就很容易损坏，从而使整个系统的运行失去物质基础。这里所说的运行和维护工作包括设备的使用管理，定期检修，备品备件的准备及使用，各种消耗性材料（如软盘、打印纸、硒鼓等）的使用及管理，电源及工作环境的管理等。

4）系统的安全管理

这是日常工作的重要部分之一，目的是防止系统外部对系统资源不合法的使用及访问，保证系统的硬件、软件和数据不因偶然因素或人为的因素而遭受破坏、泄露、修改或复制，维护正当的信息活动，保证信息系统安全运行。信息系统的安全性体现在保密性、可控制性、可审查性、抗攻击性4个方面。

上述4项程序性的日常运行任务必须认真组织，切实完成。作为信息系统的主管人员，必须全面考虑这些问题。组织有关人员按规定的程序实施，并进行严格要求，严格管理。否则，信息系统很难发挥其应有的实际效益。另外，常常会有一些例行工作之外的临时性信息服务要向计算机应用系统提出，这些信息服务不在系统的日常工作范围之内，然而，其作用往往要比例行的信息服务大得多。随着管理水平的提高和组织信息意识的加强，这种要求会越来越多。领导和管理人员往往更多地通过这些要求的满足程度来评价和看待计算机应用系统。因此，努力满足这些要求，应该成为计算机应用系统主管人员特别注意的问题之一。系统的主管人员应该积累这些临时要求的情况，找出规律，把一些带有普遍性的要求加以提炼，形成一般的要求，对系统进行扩充，从而转化为例行服务。这是信息系统改善的一个重要方面。当然，这方面的工作不可能由系统主管人员自己全部承担，因此，信息系统往往需要一些熟练精干的程序员。

总之,信息系统的日常管理工作十分繁杂,不能掉以轻心。特别要注意的是,信息系统的管理绝不只是对机器的管理,对机器的管理只是整个管理工作的一部分,更重要的是对人员、数据、软件及安全的运行维护管理。

5)信息系统运行情况的记录

系统的运行情况如何对系统管理、评价是十分宝贵的资料。人们对于信息系统的专门研究还只是刚刚起步,许多问题有待探讨。即使对某一组织或单位来说,也需要从实践中摸索和总结经验,把信息处理工作的水平进一步提高。而不少单位缺乏系统运行情况的基本数据,只停留在简单的经验上,无法对系统运行情况进行科学的分析和合理的判断,难以进一步提高信息系统的工作水平。信息系统的主管人员应该从系统运行的一开始就注意积累系统运行情况的详细资料。

在信息系统运行过程中,需要收集和积累的资料包括以下5个方面:

(1)有关工作数量的信息

例如,开机的时间、每天(周、月)提供的报表的数量、每天(周、月)录入数据的数量、系统中积累的数据量、修改程序的数量、数据使用的频率、满足用户临时要求的数量等反映系统的工作负担、所提供的信息服务的规模及计算机应用系统功能的最基本的数据。

(2)工作的效率

工作的效率即系统为了完成所规定的工作,占用了多少人力、物力及时间。例如,完成一次年报报表的编制用了多长时间、多少人力;又如,使用者提出一个临时的查询要求,系统花费了多长时间才给出所要的数据;此外,系统在日常运行中,例行的操作所花费的人力是多少,消耗性材料的使用情况如何等。

(3)系统所提供的信息服务的质量

信息服务和其他服务一样,应保质保量。如果一个信息系统生成的报表并不是管理工作所需要的,管理人员使用起来并不方便,那么这样的报表生成得再多再快也毫无意义。同样,使用者对于提供的方式是否满意,所提供信息的精确程度是否符合要求,信息提供得是否及时,临时提出的信息需求能否得到满足等,也都在信息服务的质量范围之内。

(4)系统的维护、修改情况

系统中的数据、软件和硬件都有一定的更新、维护和检修的工作规程。这些工作都要有详细及时的记载,包括维护工作的内容、情况、时间和执行人员等。这不仅是为了保证系统的安全和正常运行,而且有利于系统的评价及进一步扩充。

（5）系统的故障情况

无论故障大小,都应该及时地记录以下情况:故障发生的时间、故障的现象、故障发生时的工作环境、处理的方法、处理的结果、处理人员、善后措施、原因分析。需要注意的是,这里所说的故障不只是指计算机本身的故障,而是对整个信息系统来说的。例如,由于数据收集不及时,使年度报表的生成未能按期完成,这是整个信息系统的故障,但不是计算机的故障。同样,收集来的原始数据有错,这也不是计算机的故障,然而这些错误的类型、数量等统计数据是非常有用的材料,其中包含了许多有益的信息,对于整个系统的扩充与发展具有重要意义。

为了使信息记载得完整准确,一方面要强调在事情发生的当时、当地由当事人记录;另一方面,尽量采用固定的表格或本册进行登记,不要使用自然语言含糊地表达。这些表格或登记簿的编制应该使填写者容易填写,节省时间。同时,需要填写的内容应该含义明确,用词确切,并且尽量给予定量的描述。对于不易定量化的内容,则可以采取分类、分级的办法,让填写者选择打钩。总之,要努力通过各种手段,详尽、准确地记录系统运行情况。

对于信息系统来说,各种工作人员都应该担负起记载运行信息的责任。硬件操作人员应该记录硬件的运行及维护情况,软件操作人员应该记录各种程序的运行及维护情况,负责数据校验的人员应该记录数据收集的情况。

3.2 自动化系统运维团队建设

自动化系统覆盖生产控制大区和管理信息大区,具有提供应用多、服务专业多、设备种类多等特点,运维工作技术含量高,组建专业运维管理团队,支撑自动化主站系统的运维。

3.2.1 人员配置

（1）多渠道配置运维人员

通过专业人才调配、引进新进大学生、兄弟单位交流借调等多种渠道,配置运维人员,解决人力资源缺乏问题。

领导班子为领导负责的核心管理机构,副总工程师对重大事项的决策和管理提供技术协助,中心部室负责专业运作及日常管理,人资部、发展部、科技部等职能部门负责提供人力、安全、技术等协助。

自动化调度机构组成两人一班,5 班 3 运转的值班团队,负责 24 小时自动化系统运行监视,管控主站及站端自动化工作许可,履行主站及站端现场工作安全监督职责,开展现场工作人员安全资格认证,编制周、月、年自动化系统运行和月度缺陷分析报告。

(2)推行现场跟班培训

开展"师带徒"新进人员跟班培训,不定期邀请自动化运维专家现场教学,使新进人员在实战中迅速提高专业技术水平。

(3)开展上岗资格考试

不定期开展运维人员上岗资格考试,运维人员应经过专业培训,考试合格后方能上岗工作。

3.2.2 人才培养

企业的人才培养体系实质就是为员工胜任力提升提供定向辅助的管理系统。员工从新入职到成为企业期望的人才中间有时间段,一般来说,员工的初始胜任力水平与企业要求的理想胜任力状态会有一个差距,而人才培养的过程正是这样一个胜任力提升的过程。在这个过程中,一方面,从员工的角度来讲,员工应该努力学习相关的知识以及在实践中熟悉相关技能;另一方面,从企业的角度来说,企业应该为员工的成才提供良好的外部条件支持,用机制来引导员工走向成才之路。

人才培养看似对公司的发展无立竿见影的成效,却是促进公司持续发展的捷径。人才是经营的关键,甚至决定了企业的兴衰。如何更有效地识别人才、培养人才、留住人才、真正发挥人才的作用,已经成为企业可持续发展中不容忽视的问题。因此,探索人才培养的模式成为企业发展的必由之路。

为此,实施人力资源"四大工程":

一是人才规划。科学分析人才需求,合理规划人才类型、层次、数量,编制岗位人才需求说明书。

二是人才开发。制订人才选拔方案,通过院内专业人才调配、引进新进大学生、兄弟单位交流借调等多种渠道、多种方式引进人才,做好人才储备。

三是人才培育。实行全员岗位培训、轮岗培训,开展"师带徒"新进人员跟班培训,不定期邀请自动化运维专家现场教学,把业务骨干送到国网系统各培训机构、高校等进修深造。

四是人才激励。建立"考核奖惩机制""竞争机制""退出机制"三大机制,真正实现"能者进、弱者退",多劳多得。

3.2.3　文化建设

企业文化是企业全体成员共同认可和接受的、可以传承的价值观、道德规范、行为规范和企业形象标准的总称,是物质文化和精神文化的总和。其中物质文化是外显的文化,包括企业的产品、质量、服务以及企业的品牌、商标等;精神文化主要指隐性文化,包括价值观、信念、作风、习俗、行为等。当前,世界多极化和经济全球化趋势仍在深入发展,企业文化对企业的生存和发展的重要作用尤为突出,企业文化已经成为企业软实力及核心竞争力的重要组成部分。企业文化是企业对其成长环境和发展经验的总结和概括,是企业经营管理文化性、艺术性特征的反映,是决定一个企业成长发展的最持久因素。

我国企业文化建设的现状仍然不容乐观。企业投入很大精力、人力、物力建设企业文化,也的确出现了"轰动效应",但是,企业文化对企业生产力发展与全面建设的实际效果究竟如何? 答案是:不确定,看不清楚。出现这一现象也在情理之中,因为企业文化对于多数企业而言仍是新生事物,而且理论新、知识深、内容多、操作难。一方面,企业文化发展规划与企业发展战略仍然存在表里不一的现象;另一方面,文化理念缺乏制度落实,企业文化创建载体缺乏创新性。另外,以人为本的情感管理仍有待加强。所以,当前企业应从实际出发,系统思考,全面规划,抓住关键,找准难点,采取有效的对策,企业文化建设才能卓有成效地开展起来,文化建设的方针分为以下3个方面:

①企业文化建设必须要为企业发展战略服务,才能发展和提升。

企业文化是调动全体员工实施企业战略的保证,是"软"管理的核心,企业要实现战略目标,就必须以先进文化打造企业品牌、传播企业信誉、树立企业形象和提升核心竞争力。

②企业文化建设必须解决"落地"问题,才能体现其作用和意义。

一是要靠制度落实。要制订相应的制度和规则,并通过操作流程实施,固化为实实在在的物质形态。二是要靠创新载体落实。合适的载体是企业文化创新的良方。企业文化建设的本质要求是以先进的文化影响人的思想观念，进而影响人的行为，要以"文化强企、塑形育人"为主题的实践活动为载体。

③企业文化建设必须以人为本，才能注入生命力。

要充分尊重人、关心人、爱护人，为每一位员工提供参与决策、参与管理、发挥才干的公平机会。在企业内部应当形成一种良好的人际关系，把价值的认同、目标的共识、心灵的沟通和感情的交融，作为形成企业的凝聚力，以提高员工的责任感、自豪感和使命感。

对于电力企业而言，企业文化建设对提高人本管理水平具有举足轻重的作用。为建设优秀的企业文化，应积极开展文化建设工作，建立一套科学、系统、有效的企业文化建设评价体系，实现对企业文化建设的有效、准确评估，发掘企业文化建设过程中存在的问题及薄弱环节。主要方针为积极践行"诚信、责任、创新、奉献"的核心价值观念，大力培育以"敢于担当、善于合作、勇于争先，建设高、精、尖运维团队"为主题的"三于一建"的特色文化，大力推进班组建设，通过"讲、控、学、建"的具体措施进行文化熏陶和行为养成，推动全员精益运维实践的深化。

（1）讲责任

为使"三于一建"文化被员工所认知、认同，企业应开展"电网事故就在身边""生命最宝贵""安全重于泰山"等专题讲座，引导员工结合工作实际谈认识、说体会、讲心声。通过主题鲜明的宣传，特色文化逐步深入人心，员工责任意识明显提高。

（2）控安全

"安全、优质、经济、环保"是电网运行的目标，其中安全是前提，是重中之重，没有安全，其他都是缘木求鱼、空中楼阁。因此，始终把安全放在自动化运维工作的首要位置，实行"安全一票否决"制度，对缺陷进行分级处理，对安全隐患零容忍，对人为安全事故进行严肃处理，大力弘扬"人人讲安全，事事讲安全，时时讲安全""谁主管，谁负责，谁出事，谁负责"的安全观。

（3）学典型

自动化运维是一个涉及多学科的专业，要求员工在知识技能上既要拓展广度，又要钻研深度。号召员工积极学习行业典型的经验和事迹，并通过理论讲座、现场培训、应急演练等形式增长员工知识，锻炼员工技能，努力建设学习型团队。

（4）建班组

发起以"我为班组献一策，我为班组出点力，我为班组添份光"为主题的"三为"活动，激励员工投身精益运维行列，培育员工的责任感、使命感、集体荣誉感，全体人员团结协作，共同建设优秀班组。

企业文化建设，在不断深化和创新文化管理的过程中，要不断强化文化引领，注重营造企业"人气"，用精神凝聚人，用愿景鼓舞人，用机制激励人，用模范引导人，用真诚取信人，用环境熏陶人。只有这样，才能使企业文化理念成为员工进步和企业发展的动力，才能为企业创造更好的经济效益，才能使企业实现又快又好的发展。

3.3　自动化系统运维班组管理

3.3.1　班组管理的概念

企业班组是企业机体的细胞，是企业从事生产、经营、服务或管理工作，激发员工活力的最基层组织单位，是培育企业文化和实施企业战略的最前沿阵地，是提升企业管理水平、构建和谐企业的落脚点。加强班组建设，提高班组长的管理技能，培育高素质、高技能的一线管理者和员工队伍，是增强企业核心竞争力的关键环节。

班组管理的核心工作是做好内部协调，充分调动班组全体员工的积极性，团结一致，紧密配合，合理组织人力物力，优化配置各种资源，使生产或工作均衡合理地推进，做到安全、保质、保量和及时地完成各项工作任务和计划指标。

3.3.2　班组管理的任务和内容

电网企业班组的中心任务是：以岗位责任制和目标管理为基础，以提高效率和效益为核心，狠抓安全生产和质量监控两个关键，不断提升员工素质，推动班组建设和持续发展，全面完成上级部门下达的生产任务和各项技术、经济考核指标，促进文明单位和学习型组织的建设，为实现企业战略目标作出贡献。这一中心任务大致可分为以下几个方面：

①切实做到安全生产、文明生产。贯彻"安全第一、预防为主"的方针，牢固树立安全规范意识，认真执行安规，杜绝违规行为，有效地防止设备安全事故、人身伤亡事故和检修质量事故。

②完成各项任务，落实责任指标。认真贯彻落实岗位责任制、安全责任制和经济责任制，全面完成上级下达的各项任务，确保绩效管理各项考核指标的实现；扎实推行目标管理，把各项任务指标分解到人，管理工作做到年度月度有计划、每周每日有安排、月末季末有总结。

③抓好工作监督，提高队伍素质。结合班组工作实际，认真搞好班组教育培训工作和工作督导训练，大力提高班组成员的岗位技能和综合素质，努力建设技艺高超战斗力强的卓越团队。

④实行民主管理，搞好建章立制。抓好班组内部民主管理，发挥"五大员"的作用，充分依靠群众，实行班务公开，严格执行企业规章，建立班组内部各项管理制度。

⑤树立成本意识，提高精益效益。搞好班组经济核算和成本控制，开展增产节约、增收节支和节能降耗等活动，加强物资、费用和劳动定额管理。

⑥强化质量意识，加强质量管控。树立"质量第一"的意识，按照质量管理国家标准、行业标准和企业标准的规范，推行全员、全面、全过程的质量管理，开展质量管理小组活动和合理化建议活动，不断提高工作效率和工作质量。

⑦加强专业管理，提升技术水平。班组管理的专业性体现在劳动管理、生产管理、技术管理、设备工具管理、物资管理、营销管理等方面，不同班组有不同的侧重面。班组管理者应在各项管理工作中，严格执行电网企业标准化作业规范，不断改善班组生产作业流程，积极采用先进技术和手段，提高分析和解决问题的能力。

⑧做好思想政治工作，营造和谐积极氛围。要坚持政治理论学习，加强普法教育和思想政治工作，关心班组成员的生活和思想状况，调动班组成员的积极性和创造性，努力把班组建设成为和谐班组和学习型班组，建设成为不断进取建功立业的基层组织。

班组管理大致分为班组基础管理和班组业务管理两大领域。

班组基础管理就是对班组基础工作的管理，是指为了充分发挥班组的管理职能，围绕班组各项业务工作而开展的一系列基础性和保障性的管理活动。电网企业班组管理基础工作是企业管理基础工作内容的具体化。班组基础管理的内容大致包含：

①班组目标管理、绩效管理及各类计划的制订和实施。

②班组民主管理、制度建设与管理。

③班组组织管理与团队建设、人员管理和思想政治工作。

④班组标准化工作，特别是标准化作业指导书的执行和实施。

⑤班组文化建设、各类争先创优活动的组织与管理。

⑥班组基本建设、基础资料管理和信息化管理等。

⑦班组培训工作，主要包括班组培训项目的设计、实施和质量管理，各类现场培训活动的组织与实施等。

班组业务管理是指班组管理工作中与企业主营业务相关联的内容。主要有以下几个方面：

①班组生产管理。主要包括生产管理的任务和内容、生产制度管理、生产的组织与技术准备、生产分析会和生产管理改善等。

②班组技术管理。主要包括技术管理的任务与内容，技术管理制度，新技术、新设备、新工艺的推广使用，技术台账的建立与管理等。

③班组设备、工具和物资管理。主要包括设备管理的任务与内容、设备管理制度，以及设备定级等。

④班组安全管理。主要包括安全管理五要素、安全规程规范、安全保障与事故预防措施、安全性评价、安全生产奖考核与奖惩、班组有关安全责任人的管理职责等。

⑤班组质量管理。主要包括质量管理基本知识、质量管理标准和原则、质量管理的意义和要求、质量管理的内容与方法等。

3.3.3　班组安全管理

班组安全管理是针对班组生产过程中的安全问题，运用有效的资源，充分发挥班组成员的智慧，通过实施有关决策、计划、组织和控制等活动，实现生产过程中人员与设备、物料及环境的和谐，达到安全生产的目标。安全管理是班组管理的首要任务和重要组成部分。

班组安全管理的目标是减少和控制事故、危害及各种风险因素，尽量避免生产过程中由于事故所造成的人身伤害、财产损失、环境污染及其他损失。

班组安全管理的内容包括安全教育、安全生产、劳动防护、职业卫生、安

全检查、安全台账及事故管理 7 个方面,具体如下:

①安全教育。班组安全管理中,最重要的工作之一就是安全教育。安全教育包括两个方面:一是安全思想教育。通过安全生产法律法规、方针政策和劳动纪律的教育培训和管理手段,帮助员工认识安全生产的重要意义,促使员工树立安全理念和意识,提高安全生产责任心和自觉性。二是安全知识技能教育。既包括一般的安全常识和基本安全技能,也包括与员工本专业有关的安全生产知识和技能。

②安全生产。安全生产包括 3 个方面的内容,即人身安全、设备安全和环境安全。要实现安全生产,必须贯彻执行《安全生产法》《电力安全工作规程》等安全法律法规和企业规程,通过日常的安全管理工作,如安全性评价、班前会、班后会、安全日活动、反习惯性违章、危险预知、事故预想、事故演习等,防止事故发生。

③劳动保护。劳动保护是指对员工在生产活动中的安全与健康所采取的保护措施。劳动保护的目的是消除有损员工安全与健康的危险因素,以保证员工在生产过程中的安全与健康。电网企业属于危险程度较高的行业,其生产过程中存在大量潜在的危及员工健康与安全的因素。在具体工作安排中,应遵守法律规定的劳动和休息时间,综合考虑工作量、工作强度以及员工的身体状况。在生产、工作中应做好员工个人防护,正确使用和管理劳保用品,做好工伤事故现场分析和处理,推动现代安全生产和劳动保护技术在班组的应用。

④职业卫生。结合本班组的实际情况,制订防范职业病危害的对策,保证在防护设备正常运转的情况下作业,并督促员工佩带职业防护用品。配合企业做好定期健康体检,配合有关部门进行职业病危害因素现场检测。及时发现职业病,一旦发现应做到及时治疗。

⑤安全检查。安全检查是指对生产系统中潜在的危险与有害因素进行调查,掌握其一般规律,对安全设施和安全措施的有效性进行核查,以达到安全生产的目的。班组的安全检查可借助详细的安全检查表完成。班组安全检查的内容包括:安全技术规程和安全管理制度的执行情况、设备和工具的状态与安全运行情况、员工个人保护措施、员工身心健康状况、劳动条件和工作环境等。班组安全检查的方式包括:综合性检查与专业性检查、日常安全检查与季节性安全检查、互相检查与自我检查、定期检查与随机检查、通知检查与突击检查等。

⑥安全台账。班组安全台账是班组安全工作的记录,是班组安全管理的基础资料和检查评比的依据。其主要内容包括:安全组织结构,安全生产计划和总结,安全日活动记录,违章、事故及异常情况记录,安全检查评比记录,隐患治理记录,消防台账,月度安全情况小结,安全工器具检查登记表,安全培训与考核,安全工作考核与奖惩记录,班组长工作日志,现场设备、安全设施巡查记录,外来人员安全管理记录,安全学习资料等。安全台账由班组安全员负责建立和管理,安全台账必须忠实记录班组安全工作情况,做到账实相符,不能虚构浮夸。

⑦事故管理。在发生事故的情况下,班组长应首先组织抢救伤员,并及时向部门(工区)、上级安全责任者和安监部门报告。在处理事故时坚持"四不放过"原则,即事故原因未查清楚不放过、事故责任未落实不放过、整改措施未制订不放过、班组人员未受到教育不放过。

3.3.4 班组质量管理

电网企业班组质量管理的主要内容包括基础质量管理、现场质量管理和精细化管理等。

基础质量管理重点包括以下 3 个方面:

①质量教育。产品和服务质量是由企业员工的劳动实现的,而员工首先需要认识和了解质量的意义,才能自觉地将质量管理方法应用到生产实际。因此,班组应坚持开展质量教育,使班组成员充分了解质量对企业生存和发展的重要意义,树立"质量是企业的生命"的观念,在生产过程中坚持"质量第一"和"服务至上",不断增强全面质量管理和现代化管理的意识。同时,员工的技术水平在很大程度上也决定着产品的质量,因此,班组在进行质量意识教育的同时,还应加强员工的技术业务培训。

②质量责任制度。以企业的质量方针和质量计划为依据,班组应建立健全一套涵盖各工作岗位的质量管理制度,使每位员工明确自己的质量责任。在实施质量管理制度过程中,将员工的工作结果与其经济收入进行挂钩,促使员工自觉遵守质量方面的操作规程和管理制度。

③标准化工作。企业标准化的基本任务就是通过制订和贯彻标准,优化工作程序,提高效率,获得稳定的产品质量和服务质量,降低生产成本和经营成本,以最少的投入实现企业的目标。班组标准化工作的重点是作业标准化,即一切生产作业均应以工艺流程、操作规程、标准化作业指导书为

基本依据。班组在贯彻执行企业的质量方针过程中,应组织员工认真学习和掌握企业的质量标准,在实践中严格执行标准。

班组现场质量管理主要包含以下 5 个方面的内容:

①人员管理。任何生产制造、运行操作和服务提供都离不开人的劳动。作业人员的技能和质量意识对于最终产品质量起着关键作用,因此人员管理非常重要。人员管理包括以下内容:

a.严格上岗审查。班组应确定不同岗位对人员素质和技术水平的要求,确保每位上岗人员能够胜任其工作。对于人员的上岗资格评定应从教育、培训、技能和经验 4 个方面着手,使资格评定切合工作实际。

b.加强培训。在班组内提供必要的岗前培训或在岗培训,组织业务学习,或者安排员工参加企业提供的有关质量管理的培训,在质量意识、生产技能、检测技能、统计知识和质量控制方法等方面提高上岗人员的任职能力。

c.鼓励员工参与。通过班组学习,使每位员工了解自己的岗位职责和权限,了解企业和班组的质量目标,认识到自己所承担工作的重要性。对于生产、技术、服务和管理方面的问题,开展班组群众性的质量管理小组(QC小组)活动,使每位员工有机会发挥自己的经验和聪明才智,参与班组的过程控制和改进,切实提高生产效率和产品或服务质量。

②设备管理。设备管理的关键在于建立和执行设备使用、维护和保养制度。首先,规定设备的操作规程,确保设备的正确使用。其次,制订设备检查制度,包括对设备关键部位的每班检查和定期检查,确保设备处于完好状态,对于设备故障作好相应的记录。最后,班组长应制订和落实设备的维护保养制度,安排专人负责设备精度和性能的定期检测,对于发生问题的设备应及时维修或更换。

③作业方法。作业方法是指生产和服务的作业方法,它既包括对工艺流程编排、工程之间的衔接、生产环境、工艺参数、机工具的选择,也包括对服务规范的确定。是否严格按照正确的作业方法或操作规程从事生产,对于班组生产效率、最终产品质量、服务质量和安全生产影响很大。作业方法管理一般按下列几个步骤进行:

a.制订适宜的作业方法、工艺流程和服务规范;选用合理的工艺参数和设备,编制必要的作业文件,如标准化作业指导书、操作票、工作票、操作规程、服务规范等。

b.确保作业人员熟悉和了解标准化作业指导书的内容,通过培训和技术交底掌握操作标准和工艺要求。

c.提供作业所需的一切资源,如人员设备、生产设备、物料、检测设备、记录表等。

d.严格执行工艺纪律,确保作业人员在作业过程中严格执行标准化作业指导书所规定的流程,对于服务而言,应严格执行服务规范,以提高顾客满意度。

④工作环境管理。工作环境是指工作时所处的条件的综合,包括物理的、社会的、心理的和环境的因素。工作环境的管理首先要提供一个确保现场人员健康和安全的环境,然后确保生产环境达到产品和服务的要求。在日常管理中,坚持开展"6S"活动,即整理、整顿、清扫、清洁、素养、安全,以确保作业环境整洁安全、场地宽敞、设备保养完好、物流畅通有序、工艺纪律严明、操作遵守规程。

⑤"三分析"活动与"四不放过"。生产或服务出现质量问题时,班组长应及时组织员工召开质量分析会,对质量问题进行"三分析",即分析质量问题的危害性,分析产生质量问题的原因,分析应采取的措施,同时,应遵循"四不放过"的原则。

精细化管理是建立在全面质量管理基础上的一种管理理念,其核心是对现有的标准化流程进行系统化和细化,以标准化和数据化的手段实现精确管理,力求生产过程的高效、节约,以达到效益最大化的目的。班组的精细化管理实际上是实现基础质量管理和现场质量管理的具体方法。

根据《国家电网公司员工守则》第七条关于"勤俭节约,精细管理,提高效益效率"的规定,班组层面的精细化管理应做到精确定位、精益求精、细化目标、细化考核。"精确定位"是指对岗位设备、人员配备以及每个岗位的职责都要定位准确;"精益求精"是指对每道工序和每个环节都要规范精细、衔接有序,对待工作质量要以高标准从严要求;"细化目标"是指对工作任务进行细化分解,指标落实到人;"细化考核"是指考核时要有准确的量化指标,考核及时,奖惩兑现。精细化管理的目的是想尽办法降低成本、改进产品服务质量。

3.4 自动化系统运维外包管理

1）自动化系统运维外包原因分析

电力企业将自动化系统运维服务进行外包，一般是出于人员和经营管理的需要。

（1）企业人员管理分析

企业内部的 IT 部门往往很难留住 IT 方面的人才，这是由企业的信息化工作和 IT 人员的自身原因决定的。企业对 IT 的投入在很大程度上未能得到应有的回报，累计效率损失严重，不能实现对核心业务的有力支援和保障，这是由于：

①信息技术的广泛性、复杂性决定了企业不可能配备技术很全面的专业人员从事企业自身的 IT 工作。

②企业自身网络的狭隘性难以留住一流的 IT 技术人才，造成实际运维人员专业化程度不够，有可能影响企业 IT 工作的科学性、系统性和经济性。

③企业对自身 IT 工作人员的专业工作管理很难做到专业 IT 服务公司对其技术工程师的严格、系统的管理程度。

网络经济也带来了人员自身流动的问题。人才流动会给企业的网络稳定性带来负面影响，引起中小型企业系统管理员频繁流动，这主要是因为：

①企业内部网络专业人员的升迁机会相对较少，没有一个明确的奋斗目标。

②企业网络技术人员经常做些琐碎的工作，如安装操作系统、常用的办公软件、移动线路等，时间一长他们就比较麻木，没有工作动力和热情。

③中小企业的环境让网路技术人员的技术水平很难得到充分的发挥和提升，长此下去他们的技术视野比较狭窄，因为 IT 行业是一个高度发展的行业，要求 IT 技术人员要不断地了解行业的新知识和新动态，要在好的工作环境里不断学习、摸索和实践才能不被淘汰。

④企业网络技术人员的工作成绩难以被肯定和认可。

⑤中小企业配备的专业技术人员数量有限，无法保证网络及设备正常运行，造成他们工作思想压力大。

⑥网络应用开发不高，因为企业日常琐碎的维护工作让系统管理员根

本没有时间开发网络应用,导致系统应用处于一个低层次。

(2)企业经营管理分析

从企业经营管理角度分析,信息技术资源外包是一种战略性的商业常新方案。对许多企业来讲,技术复杂性的增加、对高可用性系统及分布式系统支持的需求,使得企业越来越难以同时实现满足业务需求和控制 IT 服务成本的目标。在这种情况下,资源外包开始发挥其固有的优势。

①业务方面。外包推动企业注重核心业务,专注于自身的核心竞争力,这是信息技术资源外包的最根本原因。从理论上讲,任何企业中仅做后台支持而不创造营业额的工作都应外包。有一个很典型的例子可以说明这个问题。据调查,美国有 68%的信用卡业务都是通过非商业银行机构来实现的,银行的核心竞争力是金融,没有必要雇用大批的网络高手来维护自己的网络,交给网络公司去做会更有利。

②财务方面。财务方面的考虑是选择外包的另一个重要原因,外包可以削减开支,控制成本,重构信息系统预算,从而解放一部分资源用于其他目的,避免"IT 黑洞"的现象发生。另外,对于那些没有能力投入大量资金、人力从硬件基础开始构建企业信息框架的企业而言,外包可以弥补企业自身的欠缺。

③技术方面。获得高水平的信息技术工作者的技能,改善技术服务,提供接触新技术的机会,使内部信息技术人员能够注重核心技术活动。通过外包,企业可以将价值链中的每个环节都由最适合企业情况的专业公司完成。

④企业战略。通过外包可以提高服务响应速度与效率,来自外包商的专业技术人员可以将企业信息技术部门从日常维护管理这样的负担性职能中解放出来,减少系统维护和管理的风险,同时也增强了该部门的信誉。另外,对于一项新技术的出现,大多数企业由于费用和学习局限的缘故,很难立即将新技术纳入实际应用。因此,信息技术外包的战略性考虑因素之一便是:借助外包商与现有的、未来的技术保持同步的优势,改善技术服务,提供接触新技术的机会,来实现企业以花费更少、历时更短、风险更小的方式推动信息技术在企业中的功能。

⑤人力资源方面。通过外包,企业无需扩大自身人力资源,减少因人才聘用或流失而花费的精力、成本以及面临的压力,节省培训方面的开支,并增加人力资源配置的灵活性。

2）IT服务外包分类

从应用层面划分，IT服务外包包括IT系统服务外包和业务流程外包两大类，IT系统服务外包又可以分为IT基础架构外包和应用系统外包。从外包范围划分，IT服务外包又可以作以下划分，见表3.1。

表3.1

IT服务外包类型	服务描述	适用范围	服务特色
IT资源整体外包	IT系统建设、规划、选型、采购、改造、实施、运维、咨询等的整体服务	适用于不想成立企业自己的IT部门或雇用IT工程师，迫切希望降低运营成本并享受IT专业服务的公司	以有限的资金投入，全面节省企业在IT建设、运维方面的人员及资金投入
			享受优质、价廉、安全、规范的专业服务及管理
内部IT技术外包	为企业现有的IT系统提供运维及技术支持服务	适用于已有IT环境，想实现规范化管理，并充分利用现有IT系统发挥更大价值并降低成本的公司	使客户现有的IT系统发挥更大的价值
			使用户的IT系统得到规范化的管理
			降低运维成本并享受高品质的技术服务
IT项目实施外包	为企业提供定制的系统集成，设备采购、系统建设、技术培训、咨询等项目实施服务	适用于在实施某IT方案时，现有能力不足或花费较大，希望专业外包公司代为实施的公司	专业化的方案设计
			高品质的实施能力
			高效率的实施周期
			合理的服务价格

3）IT服务外包实施过程及准备工作

在服务外包实施过程中，需要完成以下关键性的工作：

（1）完善IT设备基础信息

作为IT设备外包的基础，IT部门需要掌握目前现有设备状况并提供较为准确的资产状况清单，这些信息是评估外包需求的基础。由于目前IT部门 IT 设备型号种类较多,因此,要提供较为准确的设备信息比较困难,但作为外包评估的基础,这些信息是不可缺少的。根据以往客户外包所遇到的问题,建议 IT 部门先进行一次比较彻底的设备资产清查并进行相关详细信息初始化。

IT 资产设备系统初始化的主要内容包括:

①了解客户现有 IT 服务状况、服务需求和 IT 部门的组织架构。

②搜集用户信息(客户的部门、职务、电话、办公地点、邮箱地址等),形成客户地图。

③搜集桌面 IT 设备信息(采购年限、是否过保、使用是否正常、设备型号、使用地点、使用人、使用部门等)。

④搜集 IT 环境的准确信息(客户端硬件设备配置、操作系统配置信息、邮件系统配置信息、网络结构、客户端网络配置规则、客户名及计算机命名规则、应用软件安装标准及配置信息、防病毒软件配置规范及使用标准、打印机安装规范和配置信息等),形成规范的技术文档和设备地图。

(2)定义 IT 服务支持范围

根据初始化的设备基础信息与 IT 服务支持预算投入,选择合理的设备维护对象。建议对业务重点发展区域的设备优先考虑,过保且年限使用较长、不可升级的设备可先不列入外包设备内。

在定义 IT 服务支持范围时,需要明确以下内容:

①设备外包支持年限(一年、两年等)。

②设备使用健康状况(如正常、不能使用等)。

③外包维护支持用户(VIP 用户、普通用户、重点业务部门用户等)。

④设备保修状况(如保内、保外等)。

⑤设备分布地域状况(如按分布数量多少、重点业务区域、非重点业务区域等)。

⑥设备支持所需方式(上门支持、驻场支持、短期驻场支持、远程支持等),是单一方式还是组合方式。

⑦设备支持管理方式(本地直接支持、异地集中支持等)。

⑧设备维护内容(硬件、备件、基础 OS、基础应用、专用应用等)。

⑨现有服务方式转换的难易程度。

(3)定义 IT 服务支持标准

根据所设定的设备维护范围与 IT 服务支持预算投入,制订合理的设备维护对象的服务级别协议(SLA):

①正常服务支持时间(M 工作日 * N 工作小时),周末、节假日是否需要支持。

②协助新的 IT 桌面设备的采购,包括决定软硬件的需求和规范,提供对升级和迁移计划的支持和指导等。

③服务响应时间、到达现场时间、修复时间等。

④热线支持服务时间、现场服务支持时间、紧急事件处理时间、VIP 用户处理时间。

⑤IT 桌面软件支持列表(操作系统/办公软件/常用应用软件)。

⑥IT 硬件设备配备标准及升级标准(简化设备采购型号,统一标准)。

⑦IT 报修识别标准(正常报修、非正常报修、事件初级过滤等)。

⑧外包维护修复验收标准。

⑨非人为损坏事件范围。

⑩设备报废评估标准。

⑪事件服务响应、现场响应及修复率等。

(4)合理评价 IT 服务外包绩效

建议针对 IT 部门 IT 服务支持现状,量化内部服务支持的效果,并通过获取一段时间对服务效果的测量数据,更有针对性地对目前服务支持的薄弱环节进行有效改善,并合理地进行支持人员的资源分配。因此,定期对服务支持数据进行统计整理,对 IT 部门信息服务提升到新的台阶十分重要,如提供周、月度、季度、年度 IT 内部服务报告。在评价 IT 服务外包绩效时,可以基于以下相关的表单记录和报告:

①现场服务单,并向客户签字确认。包括换机单、升级单、验机单、报废单、系统安装单、病毒补丁升级单、迁移单等。

②服务周报:每周实际发生服务的详细服务信息汇总。

③服务月报:运维服务量、服务质量、SLA 达成率、客户投诉、关键问题分析、改进计划等。

④服务季报:年度大事件回顾、项目实施总结、服务效果分析、差异分析和建议等。

自动化机房基础环境

　　自动化机房的建设是一个长期的过程,其建设周期一般为1~2年,设计寿命一般可达到10~20年。自动化机房建成后,5~10年内不可能再扩大,因为新建需要的各种物理资源,其成本可能已经变得非常昂贵了,因此利旧扩容,而不是新建成为必然的选择。如何利用科技手段进行整合和扩容将是自动化运维管理最关心的问题。虚拟化是其中的一个关键技术;X86服务器处理能力的每年快速增长,带动越来越多的IT负载从UNIX平台迁移到X86平台。通过不断的升级改造,实现自动化机房满足自动化专业发展10年的需要。

4.1　自动化机房规划

4.1.1　技术架构规划需要解决的问题

　　自动化机房的一个重要考量指标是其电源使用效率(PUE)值,提高的方向有两个:一是降低整体的能源消耗;二是提高IT的有效负荷。无效或者低效的IT负荷,以及相关的额外配套动力容量,是影响自动化机房整体PUE的位居前列的两大原因。空调系统效率、UPS电源效率、空间布局等是其他次要的原因。

　　自动化机房技术架构规划是确定IT容量的主要手段,主要解决以下几个问题:

①自动化机房的定级问题,可参照 TIA 942 标准下的Ⅱ,Ⅲ,Ⅲ+或者Ⅳ级,决定机房建设的总体投资水平。

②机房楼面布局,决定机房建筑设计中的一个关键需求。

③单个机柜的电力负荷,3 kV·A,5 kV·A 或更高,决定机房内的动力系统投资比。

④单个机柜的 I/O 要求,决定机房的布线投资。

4.1.2 技术架构规划的步骤

自动化机房的技术架构规划,其侧重点随着数据中心建设的不同阶段是不同的,在机房规划阶段,应关注 5 个重要的架构视图,即架构模型、逻辑架构、安全架构、部署架构和物理架构。它们代表了 IT 负载对机房物理设施的需求,将协助建筑设计公司完成机房设计和施工工作。

每个逻辑视图的开发按照顺序展开,其次序和关注点分别为:

①架构模型:确定自动化机房整体的技术目标、技术方向和选型原则。

②逻辑架构:IT 基础设施的总体逻辑视图。

③安全机构:IT 安全分区和物理机房分区。

④部署架构:IT 基础设施各个组成模块的部署方式,涉及服务器、存储和网络等。

⑤物理架构:单个机柜的物理指标,包括电力负荷、I/O 要求、布线要求、安防和运维要求等。

4.1.3 实际案例

某县级调度控制中心大楼为 7 层楼的建筑,全楼建筑面积超过 10 000 m²,地下 1 层,地上 7 层。在建筑设计阶段,引入自动化机房的技术架构规划。

技术架构规划的主要结论如下:

①架构模型:采用开放平台的技术组件来组织 IT 资源。如统一采用国产 X86 架构服务器、Linux 操作系统、关系数据库系统。通过开发平台的技术组件来降低整体成本。

②逻辑架构:确定了建筑内各个机房模块的数量、单位面积、用途,以及机柜总数。

③安全架构:确定了不同机房模块的安全防护级别、楼层配线间的安全级别,以及安防系统的联动策略等。

④部署架构:确定了特定单个机房模块内,不同 IT 设备(小型机、X86、

存储阵列、网络)的摆放原则,线缆材质(6 类网线与光缆的混合部署模式)和走线原则(下走线、光纤到机柜)。

⑤物理架构:针对单个机柜的物理指标,确定了多种配置方案和每个方案的部署数量。每个配置方案中确定:电力负载为 5 kV·A,I/O 上(光口和电口数量)的不同要求、通风走向(前后、左右通风)、下走线、双路 UPS、柜顶安装定位灯、每个机柜安装巡检扫描牌等。

上述分析,自顶向下,层层推导,最终完成了 IT 需求到机房物理设施需求的转换工作,实现了自动化专业和建筑专业之间的整合效应。以下几个问题的讨论,进一步优化了机房的动力配置:

①机房内是否需要配备 10 kV·A 的高负荷机柜? 从自动化专业发展来看,没有这方面的需求;如果以后临时有此类要求,可通过"空间换电力"的方式来解决。

②机房内是否需要采用封闭冷热通道? 从长远来看建议采用封闭冷通道的方式。

③机房内是否可以安装左右进风的设备? 按照 IT 规划,网络设备可能采用左右进风的方式,服务器和存储阵列采用前后进风的方式。

④机房内如何实现人机分离? 机房内如何隔离不同安全分区? 按照 IT 规划,分别从机房平面布局、单个机房模块内的不同设备分区,来减少人机之间的相互干扰。

4.1.4　需要规避的误区

在机房建筑规划阶段和机房建设完成后进行 IT 部署时的 IT 规划,两者的侧重点不同。机房建筑规划阶段关注的重点是如何平衡长生命周期(30～50 年)的建筑和动态生命周期(3～5 年)的 IT 设备之间的平衡。

考虑到建筑内工艺设计的寿命一般长达 10～15 年,自动化机房规划中建议定性分析为主,定量分析为辅,避免陷入"数据决定论"。

4.2　自动化机房的度量标准

电力调度自动化运维管理希望可以有一类测定机房的运行指标,可参考信息行业对数据中心的关键效率和环境度量标准。

4.2.1　电源使用效率(PUE)

电源使用效率是指通过重点关注服务器的用电成本,测量服务器环境的用电效率。

电源使用效率等于设备总用电量除以 IT 设备的用电量。

$$电源使用效率(PUE) = \frac{设备总用电量}{IT 设备用电量}$$

IT 设备用电量包括服务器、网络设备、存储单元和外围设备(如显示器或工作站)的用电量以及所有在数据中心中用于管理、处理、存储数据或对数据进行路由的设备的用电量。

设备总用电量包括 IT 设备的用电量加上所有与数据中心有关的主要电系统(配电装置和电源开关)、备用电源系统(不间断电源)、空调组件(冷却器、空气处理器、水泵和冷却塔)以及其他基础设备(如照明、键盘、电视和鼠标设备)的用电量。

数据中心的电源使用效率(PUE)值越低,表明其电源使用效率越高。

4.2.2　数据中心基础架构效率(DCIE)

DCIE 是 PUE 的倒数。DCIE 等于设备总用电量除以 IT 设备用电量(如果已经计算出了 PUE,将 1 除以 PUE 就可以得到 DCIE)。

$$数据中心基础架构效率(DCIE) = \frac{IT 设备用电量}{设备总用电量}$$

4.2.3　计算机电源效率(CPE)

计算数据中心性能的另一种方法是计算数据中心的用电成本,然后除以机房中服务器 CPU 的平均利用率,称为计算机电源效率。

计算机电源效率(CPE) = IT 设备使用率 × IT 设备用电量 / 设备总用电量

IT 设备使用率可取服务器的平均 CPU 利用率。

4.3　自动化机房电源

4.3.1　不间断电源

　　传统的自动化机房备用电源系统都是由柴油发电机及配套的蓄电池组成的。蓄电池组即不间断电源(UPS),可以在外部商业电源断开且机房的电力负载必须由自备柴油发电机提供时补上电力缺口。UPS 补充负载仅仅是次要作用,首要作用是当出现断电时转移商业电力和发电机之间的负载,以及之后当电力恢复时将负载重新转移回去,这就是所谓的穿越电源(Ride-through power)。

　　由于柴油发电机安装及运行维护复杂,电力调控中心一般不采用其作为备用电源,而用多路交流电源输入来确保其供电可靠性。大量的蓄电池也会有缺点:首先,它们并非绝对可靠,蓄电池有时候无法充满电,从而在外部电源中断时造成自动化机房停机;其次,蓄电池并不环保,传统的 UPS 蓄电池包含有毒的铅、硫酸、玻璃纤维和热塑性聚合物等,而且在特定的条件下可能溢出极易燃烧的氢气。PDU,UPS 系统也会损耗一定量的能源。最后,蓄电池经过几年就需要更换,虽然可以进行回收,但也只回收其部分组件。

　　应该采取一些措施提高自动化机房 UPS 的能效。首先,UPS 系统的设计要采用模块化方法,使用一系列轻便的较小组件,少使用大尺寸组件。不同的 UPS 型号和配置可以实现不同程度的能效,一般在承担高负载时,其能效更高。模块化设计还可以实现更大的冗余,如果一个 UPS 由于某些原因断电,只负责整个备用电源系统较小部分的装置所出现的故障其影响也较小。

　　2015 年,由劳伦斯伯克利国家实验室的"高性能建筑:数据中心不间断电源"报告中对不同类型的 UPS 进行测试,得出处于25% 最大电力负荷的装置的平均效率为86% ,处于50% 负载的装置效率为89% ,而处于75% 以上负载的装置的效率为90% 。报告提到 UPS 系统一般运行在30% ~50% 最大负载,系统的效率值最低。

　　如图 4.1 所示为 UPS 的普通效率曲线,它说明了当负载率高时系统效率也越高。

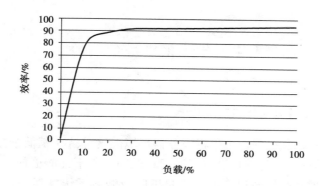

图 4.1   UPS 效率曲线

因为 UPS 效率根据不同的型号、配置和装置负载程度的不同有所差别，所以购买 UPS 系统时，应要求制造商提供相应型号的效率曲线，根据用电设备实际使用功率估算出装置在自动化机房的负载程度，那么就能选择一个在这些条件下运行效率最高的 UPS。

4.3.2   机房照明

不管自动化机房使用什么照明系统，在设计机房物理基础架构布局时都要仔细考虑，一定不要阻挡这个区域的照明光线。可能的阻挡物包括以下物体：

①挂在天花板上的电缆线槽。

②安装在机架上方的接线板。

③悬挂在天花板上的母线。

④安装在天花板上的冷却装置。

⑤服务器机架的排气管。

⑥机房天花板和服务器机架间的有限空隙。

一定要在机房的设计文档中清晰列出这些部件的位置，以保证它们不会意外阻挡机房的照明。

建议自动化机房部署浅色的服务器机架，而不是深色的，浅色可以更好地反射光线，照亮机房。

4.4 自动化机房的制冷

4.4.1 设置自动化机房温度

传统的自动化机房都力争将服务器环境温度维持在稍低于办公环境温度的水平,其理由就是计算设备在温度较低的条件下性能更佳。然而,由于服务器密度增加会导致机房制冷容量下降及制冷系统能耗增加,因此人们开始意识到,适当提高机房运行温度可以节约能源和降低成本。

2008 年,美国供暖、制冷及空调工程师协会(American Society of Heating Refrigerating and Air-Conditioning Engineers,ASHRAE)扩大了其推荐的 IT 硬件温度范围,实现减少数据中心能耗的目标。2008 年,ASHRAE 将推荐使用的服务器入口温度范围从 2004 年的 20 ~ 25 ℃ 提高到了 18 ~ 27 ℃,以后甚至还会考虑使用更宽的温度范围。

谷歌、惠普、微软、SUN 等公司均选择提高各自服务器运行环境温度设定值,将其作为减少能耗和降低成本的一种方法。

但在决定提高自动化机房空调系统温度之前,需要仔细考虑降低服务器环境能耗、成本的最终目标是保护 IT 硬件及保证高可用性。提高机房运行温度需注意以下几个问题:

①服务器环境的总体温度越高,发生制冷故障时的缓冲时间就越短。如果有一个或多个制冷设备停止工作,机房温度就会急剧上升。与运行在 20 ℃ 的机房相比,运行温度在 26 ℃ 的机房在出现制冷故障时服务器会更快地因过热关闭。

②机房局部温度差别。将机房温度设定为 24 ℃ 可能意味着有一些系统实际的运行温度会达到 27 ℃。服务器环境内的温度通常会有差别,特别是会因为机柜的高度不同而不同。在采用冷热通道隔离的机房内,最冷的空气是从服务器机柜的底部进入,但到达机柜顶部时空气温度通常会增加 4 ~ 5 ℃。

③硬件设备的风扇可能负载更高。某些硬件设备能够调整散热风扇的转速,它们在较低的温度下会降低转速,以减少能耗。这些风扇可能会由于机房的温度提高而提高转速,从而消耗更多能量并发出更大噪声。ASHRAE 在 2008 年的环境指南文件中指出,机房每提高 2 ℃ 就可能会增加 3 ~ 5 dB

的噪声。

④热通道会更热。服务器的热通道通常可以达到37～38 ℃的高温。但是更多的机房运行温度可能会提升这个临界值,估计最高可达54 ℃。除非采取其他一些散热措施,否则这对于工作在自动化机房中的运维人员来说是非常不舒服且可能不安全的条件。

⑤设备制造商可能不会对在较高温度环境下工作的硬件提供质保。当自动化运维人员向制造商报告不明原因故障时,服务代表通常会对设备工作的环境提出质疑。

因此,提升自动化机房运行温度使之更加节能的方法是可行的,但是需要确定能够接受缩减的热缓冲及其他与设定温度提高后所引起的状况。如果有适当的监控工具处理这些情况,就可以考虑间隔几个月提升一点机房运行温度,然后测量在相应温度水平下制冷系统的能耗。经过一段时间,就能发现每一次提高温度所能节约的能耗和成本是多少,从而能够确定节约的量是否值得。

4.4.2　优化气流

自动化机房所面临的其中一个最大的挑战是有效地对主机空间的所有设备进行冷却。即使服务器环境并没有部署太多硬件,而且具有充足的制冷总容量,但它在某些热点上也可能出现问题。最难的问题一般不在于为机房供应冷气,而是将冷气精准地输送到需要冷却的位置,同时排出服务器所产生的热量。

实际上,空气是静止的,机房需要花费大量的能量来使空气流动,注入冷气和排出热气,使之到达需要进行热交换的位置。机房内的气流越合理,运行制冷系统所需要的能量就越少。

4.4.3　隔离冷热气流

为了提高机房制冷系统效率,从而减少能耗,其中一个好的方法是隔离机房的气流,即防止 IT 硬件所排放的热气与注入硬件的冷气混合。10 多年前的机房就开始设计冷热通道,人们意识到如果调整了机房内服务器排列,机房制冷系统的性能会得到提高。后来的经验表明,冷热通道的配置通过防止服务器机柜或机架排尾的冷热空气混合,能够进一步地提高制冷性能。

另一种方法是使用一种封闭的服务器机柜,它们具有附加的排气管,能够将硬件的热气排放到机柜上面的集气空间,这不仅能够防止冷热气流混合,还能够防止空气进入主机空间,从而减少机房空调冷却服务器的负载。

4.4.4 集气室

机房的集气室是用于分配风量的。关于集气室的高度并没有明确规定,它可以在抬高的防静电地板下方,或在天花吊顶上面。服务器环境可以设计不同尺寸的集气室,可以是小到能安装到地砖中像手电筒般大小,也可以大到整个人都能够进入。然而,从能效的概念考虑,集气室的尺寸越大越好,集气室越深,空气就越容易流通,空调所消耗的能量就越少。集气室也必须尽量减少障碍。即使集气室体积很大,但如果其中安装了其他一些组件,如电缆槽或管道,那么它的排气效果也会受到影响。

4.4.5 封堵不需要的缺口

正如不希望机房的冷热气流发生混合一样,人们也不希望冷气在传输到目标设备之前发生泄漏。到达服务器的冷气越少,制冷系统的负载就越高,机房所消耗的能量就越多。以下是可能出现的缺口:

①位置不正确或开错孔的面板。在机房中选择性地使用一些开孔的地板,来调节气流方向和流量。在不需要通过气流的位置封闭地板上的孔,然后在需要时再打开这些孔。

②服务器之间的空间。在封堵了机房内不希望出现的缺口之后,需要保证所输送的冷气能够顺利到达服务器。没有必要为一些没有使用的低温机柜空间花费能量。因此要使用一些备用面板封堵空机柜空间。

4.4.6 机柜解决方案

在设计自动化机房制冷系统时,有一个重要的工作是选择哪一种机柜来部署硬件。请记住一个原则,机柜不是用来装饰服务器外观的,而是实现硬件高效制冷的最终手段。

带有排气管的封闭机柜有助于隔离冷热气流,而液体制冷的机柜比空气冷却的效果更好。

4.4.7 测定和管理热点

即使机房具备足够的总体制冷容量并且能够处理机房的热量负荷,但很可能仍然存在一些热点。在整个机房提供统一的气流是很困难的,特别是那些没有采用诸如封闭隔间等隔离措施的机房。即使在气流控制合理的服务器环境中,服务器机柜中无数的 IT 硬件组合也可能产生不同的热量负荷。

了解机房内热点的位置和密度能够更容易采取措施消除这些热点。可以使用以下的方法来确定热点:

①测量环境温度的可移动传感器。

②包含温度测量功能的服务器机柜电源板。

③许多服务器模块和网络设备所具备的读取温度功能。

④使用计算液体力学(Computational Fluid Dynamics,CFD)分析主机空间以真正了解机房的温度情况。以三维方式显示温度分布情况,CFD 建模技术能够显示一些一般很难探测的热点和低效冷却点。

某些情况下机房空调输送冷气速度可能过快,使得冷气错过了本应该冷却的硬件。降低冷气速度,甚至可能是通过关闭特定区域一定数量的空调,实际上可能会提高制冷效果。

采用未封闭冷热通道的机房很可能会在某些位置发生冷热气流混合,如发生在每排服务器柜末尾,或发生在服务器顶部与天花板之间的空隙里。

4.4.8　制冷分布

在决定了机房使用哪种制冷技术时,就应该通过优化组件位置来进一步提高系统冷却效率。

①缩短制冷设备与制冷目标的距离。在希望冷却的系统中或邻近的位置产生冷气比增大风扇推动冷气的风力更加有效。

②使用大型管道。尽可能安装接头少的大型管道,以减少摩擦损失,减少制冷系统气泵的工作负载。

③协调空调活动。机房各个位置的温度状况是有所差别的,这会导致一个服务器环境的空调会处于不同的工作模式,从而互相干扰而不能形成合力。例如,一个空调产生的气流可能会干扰另一个空调的气流,或者使之产生错误的温度和湿度调节。

5
自动化机房巡检技术

<hr>

　　自动化机房巡检工作是运维服务的一项重要内容。传统的自动化机房巡检工作采用每天人工巡检,巡检人员按照规定的巡检线路对应纸质巡检卡记录巡检情况,该模式巡检工作量大,巡检记录保存困难,对巡检情况不能有效监督跟踪等。目前,自动化机房的巡检可采用条形码或 RFID 技术实现电子化巡检来解决上述问题。条形码的识别可以通过手机扫描完成,终端成本低,实现简单,得到了广泛应用。

5.1　巡检模式

　　巡检员巡检时,首先利用巡检 APP 扫描工牌上的身份条码,完成身份识别后,系统显示巡检员个人详细信息,单击确认进入巡检流程。

　　巡检员按规定线路进入机房对机柜内设备进行巡检,首先扫描机柜上的条形码,对 APP 上出现的该柜内设备巡查项目进行记录。如该项为正常状态,点击确认;如为异常状态,则根据实际状态填写,并照相。

　　巡视完成后,通过 USB 接口将巡检手机上采集的数据上传到自动化运维管理平台。平台根据每次巡检记录中的扫描条码的顺序,确定巡检人,巡检用时及巡检路径是否正常,并根据异常记录产生运维工单,启动事件处理流程。

5.2　巡检标签规范

5.2.1　标签分类

根据自动化机房巡检范围和类型将巡检设备的标签分为以下几类：

①机房标识：粘贴在自动化机房门口处标识机房编号及所属的标识。

②机柜标识：粘贴在每个机柜上的机柜信息标识。

③设备标识：粘贴在自动化机房内自动化设备上的标识。

④线缆标签：自动化机房内各种线缆上的标签，表明线缆两端所连接位置。

按照电力调度自动化专业管辖范围和设备分区规定将巡检范围分为生产控制区（Ⅰ区）、非生产控制区（Ⅱ区）、生产管理区（Ⅲ区）、管理信息区（Ⅳ区）和辅助区（Ⅴ区）共 5 个区域。

⑤辅助区：为调度自动化提供辅助作用的各类设备，如大屏幕、电源等。

5.2.2　标识、标牌及图例规则

（1）标识条形码

条形码将使用在机柜标识和设备标识上。使用相应结构的数据代码生成，条形码读取设备读取到代码后翻译为现场人员可识别的标识内容。条形码使用 code-128 编码格式。

数据结构：共分为 7 组数据，如图 5.1 所示。

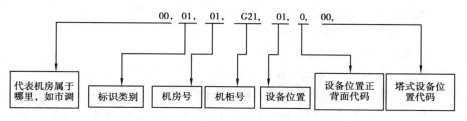

图 5.1　数据结构

机房所属代码：表示机房属于哪个调度机构。

标识类别：标识的分类，约定 01 代表机柜标识，02 代表设备标识。

机房号：代表机房编号，一般为两位数。

机柜号:代表机柜的编号,一般为三位数,G21 即表示第 G 列第 21 号柜(机房标识则没有机柜号和其后面的代码)。

设备位置:代表设备在机柜内的水平位置,设备位置定义参看设备标识位置码命名,01 即表示设备位置为 1U(机房及机柜标识没有此项)。

设备位置正背面代码:正面为 0,背面则为 1。

塔式设备代码:使用 01 代表Ⅰ,02 代表Ⅱ,以此类推;非塔式设备则为 00。

(2)机房定置图

机房定置图包括机房定置图和机房电源定制图,分别表示机房内机柜设备位置示意和电源走向示意。

(3)机柜标识位置码命名

使用数字加字母方式表明机柜所在位置,每个字段之间使用短横线隔开(如 1 号机房第 G 列第 21 号机柜:1H-G21R)。

H:代表机柜所在的机房编号,如 1 号机房就标示为 1H。

R:代表机柜在机房内的编号,如 G21 号机柜标示为 G21R。电力各级调度机构可根据专业机房不同的情况,按机房机柜排列方式顺序使用英文字母自行编码,如编码为 A01R 含义为第 1 列第 1 面机柜,编码为 C16R 含义为第 3 列第 16 面机柜。

1H-G21R:此为完整机柜位置代码,代表第 1 号机房的第 G 列第 21 号机柜。

(4)设备标识位置码命名

使用数字加字母方式表明设备所在位置,每个字段之间使用短横线隔开(如 1 号机房第 G 列第 21 号机柜 1U 位置:1H-G21R-1U)。

与机柜标识中相同字母代表相同意义。

U:代表设备下沿所在位置。

B:代表设备在机柜背面安装。

Ⅰ,Ⅱ:代表塔式设备所在位置,约定为面对机柜从左至右依次为Ⅰ,Ⅱ,Ⅲ,Ⅳ等,以此类推,非塔式设备则没有此字母。

1H-G21R-1U(1H-G21R-1UⅠ,1H-G21R-1UB):此为设备完整位置代码;1H 代表本单位的第一个机房;G21R 代表在本机房内的第 G 列第 21 个机柜;1U 表示设备下沿所在的位置是机柜的 1U 位置(如果设备是塔式设备则需要加Ⅰ,Ⅱ等代表本 U 位面对机柜正面从左至右的不同塔式设备,编码为 1UⅠ 就是 1U 位第一台塔式设备;如果有安装在背面的设备则需要在 U 位后加字母 B 表示,如编码为 1UB 就是 1U 位安装在背面设备)。

(5)线缆标签端口位置码命名

使用数字加字母方式表明线缆端口所在位置,每个字段之间使用短横线隔开(如 1 号机房 G 列第 21 号机柜 1U 位置网络设备 1 号网口:1H-G21R-1U-GE0/0/1)。

与设备标识中相同字母代表相同意义。

网络设备网口为 GE0/0/1,光口为 GE-SFP0/0/1,服务器接口为 eth1,2M 线在端口号后加 −2M,路由器按照板卡实际填写,如 G0/0/21,POS0/0/3,CPOS0/0/1 等。

1H-G21R-1U-GE0/0/1(2H-A12R-2U-eth2):此为线缆完整位置代码,代表线缆插在机柜正面是第 1 号机房 G 列第 21 号机柜 1U 位置网络设备的第 1 号网口(线缆对侧插在第 2 号机房 A 列第 12 号机柜 2U 位置服务器 2 号端口)。

(6)标识标牌着色要求

所有标识与标签有颜色部分都代表不同意义,由于各地生产厂商工艺不同可以有 5% 色差。

红色:使用在标识中代表设备为Ⅰ区机柜或者Ⅰ区设备。色号为 R-255,G-0,B-0。

黄色:使用在标识中代表设备为Ⅱ区机柜或者Ⅱ区设备。色号为 R-240,G-160,B-10。

蓝色:用在标识中代表设备为Ⅲ区机柜或者Ⅲ区设备。色号为 R-0,G-0,B-255。

绿色:用在标识中代表设备为Ⅳ区、Ⅴ区机柜或者设备。色号为 R-65,G-120,B-100。

白色:用在标识中代表交换机级联线,堆叠线等网络扩展直连线路上,用于方便排查、隔离网络故障。色号为 R-0,G-0,B-0。

5.2.3　标识、标牌信息内容

设备名称:在所有标识中出现的设备名称都是设备日常使用的名称按照系统名 + 业务名 + 设备类型(如 D5000 + 历史记录 + 服务器)的规则进行描述。

（1）机房标识信息内容及含义

XXX 自动化机房
机房编号:01
安全责任人:
联系电话:

图 5.2　机房标识

标签尺寸:85 mm×140 mm。

标识材质:金属。

内容要求:机房名称、机房编号、安全责任人、联系电话。

（2）机柜信息标识

图 5.3　机柜标识

系统名称:填写机柜内主要设备所支撑的业务名称。

机柜位置:代表机柜所在的机房及机柜本身编号。

投运时间:填写此机柜的投运时间。

运维专业:填写所归属的运维部门。

维护责任人:填写此机柜维护人员名字。

联系电话:填写维护人员联系方式。

备注:填写特殊信息。

标识尺寸:100 mm×180 mm。

粘贴位置:粘贴在机柜正上方醒目位置处。

色号:R-65,G-120,B-100,允许 5% 色差。

条形码:按照条形码规则进行生成和打印。

（3）机柜设备信息标识

××公司 序号	设备名称	设备型号	设备位置	运维负责人
1	D5000 动态 监控服务器	huaweiRH2288	1H-G21R-1U	张三
2	D5000 稳态 监控服务器	huaweiRH2288	1H-G21R-5U	张三
3	D5000 稳态 监控服务器	huaweiRH2288	1H-G21R-8U	张三
4	D5000 稳态 监控服务器	huaweiRH2288	1H-G21R-12U	张三

图 5.4　设备标识

粘贴位置:此标签粘贴于机柜正面上方正中位置。

标识尺寸:210 mm×297 mm(外壳尺寸根据实际情况制作,可以放入 A4 纸标识为准)。

绿色部分着色要求:色号为 R-65,G-120,B-100,允许 5% 的色差范围。

打印格式:需要打印内容的位置为留白,中间用绿色条纹隔开。

设备名称:系统名 + 业务名 + 设备类型(如 D5000 + 历史记录 + 服务器)。

设备型号:填写设备型号,如 HW1270 等。

设备位置:填写设备所在位置,用代码表示。

材质:外壳使用甲基丙烯酸甲酯,内部标识使用普通 A4 纸进行打印。

5.2.4　设备标识信息内容及含义

（1）粘贴式标识

设备名称:系统名 + 业务名 + 设备类型(如 D5000 历史记录服务器)。

设备型号:填写设备型号(如 HW1270 等)。

设备位置:填写设备所在位置,用代码表示。

投运时间:填写此设备投运的日期。

维护责任人:填写维护人员名字。

图 5.5 粘贴式标识

联系电话:填写维护人员联系方式。

维保技术支持负责人:针对此设备的厂家和运维第三方负责人姓名。

联系电话:维保技术支持负责人的联系方式。

响应时间:维保技术支持负责人的响应时间,如 7×24 代表每天 24 小时都响应。

标签尺寸:50 mm×70 mm。

材质:符合 UL 969 标准、ROHS 指令。基材为聚酯类材料,背胶采用永久性丙烯酸类乳胶,室内使用 5～10 年。

条形码:按照条形码规则进行生成和打印。

粘贴位置:统一粘贴在设备正面右上角或者设备上下底面右边靠外侧醒目位置。如确实无法粘贴到醒目位置请使用悬挂式标识。

(2)悬挂式标识

设备名称:系统名 + 业务名 + 设备类型(如 D5000 历史记录服务器)。

设备型号:填写设备型号(如 HW1270 等)。

设备位置:填写设备所在位置,用代码表示。

投运时间:填写此设备投运的日期。

维护责任人:填写维护人员名字。

联系电话:填写维护人员联系方式。

维保技术支持负责人:针对此设备的厂家和运维第三方负责人姓名。

联系电话:维保技术支持负责人的联系方式。

响应时间:维保技术支持负责人的响应时间,如 7×24 代表每天 24 小时都响应。

图 5.6 悬挂式标识

标签尺寸:50 mm × 70 mm(侧带长方形吊孔)。

材质:表面粘贴材料符合 UL 969 标准、ROHS 指令,基材为聚酯类材料,背胶采用永久性丙烯酸类乳胶,室内使用 5 ~ 10 年。悬挂底板材质符合 UL 969标准、ROHS 指令,基材为聚烯烃类材质或者甲基丙烯酸甲酯。

条形码:按照条形码规则进行生成和打印。

悬挂位置:适用于 1U 设备和正面无法粘贴标识的设备,统一悬挂在设备右上角位置。

5.2.5 线缆标签信息内容及含义

线缆标识如图 5.7 所示。

	本端 1H-G21R-1U-GE0/0/1
	对端 2H-A12R-2UB-GE0/0/2
	D5000——平面实时交换机

图 5.7 线缆标识

PDU 线缆标识如图 5.8 所示。

标签位置:位于线缆两端,距离线缆末尾处 20 mm。

线缆标识的标签正面:

本端:标签粘贴端,填写本端所插的位置,用代码表示。

对端:标签粘贴的线缆的远端,填写对端所插的位置。用代码表示。

插座端

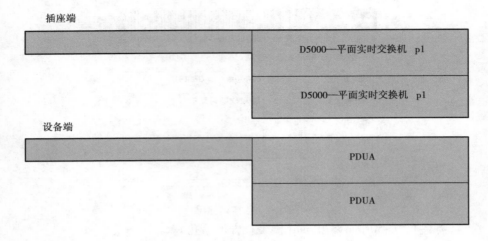

D5000—平面实时交换机 p1

D5000—平面实时交换机 p1

设备端

PDUA

PDUA

图 5.8   PDU 线缆标识

线缆标识的标签背面：

填写对端设备名称：系统名 + 业务名 + 设备类型（D5000 + 一平面实时 + 交换机）。

PDU 标签为特殊打印，在插座这一端打印对端设备名称和对端电源口号，如一平面实时交换机/P1。在设备端打印所连接的 PDU 名称，如 PDUA。

标签尺寸：40 mm × 32 mm（尾部 40 mm × 8 mm）。

材质：符合 UL 969 标准、ROHS 指令。基材为聚酯类材料，背胶采用永久性丙烯酸类乳胶，室内使用 5 ~ 10 年。

5.2.6   机房电源定置图

机房电源定置图制作要求：需根据各单位实际现场电源走向进行制作，需对机房内电源进行分层描述（外部电源、市电配电、UPS 及通信电源、设备等多层次的描述），大小以机房实际放置位置为参考，需做到清晰醒目。

机房电源定置图：包含机房内所有电源屏间实际线缆走向（每一路电源的来源与去向必须清晰明确）和电源最终到设备侧的大致走向（到设备的哪个功能区）。

5.3   机房巡检实例

这里给出标准化巡检模板供读者参考，建议开发手机巡检 APP 实现数字化巡检,减轻巡检人员工作负担,开展巡检数据分析统计工作(表5.1—5.3)。

(1)空调系统巡检模板

表5.1

空调系统日常巡视记录表			
巡视人员:		巡视时间:_____年____月____日	
系统位置	空调名称	巡检内容	记录值
×楼 数据网 机房	精密空调 (1爱默生)	控制温度	22 ℃
		控制湿度	55%
		当前温度	℃
		当前湿度	%
		空调压缩机是否运行正常	
		空调无积水、漏水是否正常	
	精密空调 (2爱默生)	控制温度	22 ℃
		控制湿度	55%
		当前温度	℃
		当前湿度	%
		空调压缩机是否运行正常	
		空调无积水、漏水是否正常	
×楼机房	七氟丙烷气体灭火装置压力是否正常		
备注:			
维保厂家联系人:		电话:	

（2）电源巡检模板

表 5.2

UPS 电源系统日常巡视记录表			
巡视人员： 巡视时间：_____年___月___日_____时_____分			
系统位置	设备名称	巡检内容	正常打√ 异常打× 并在备注项注明
×楼 UPS 电源系统	#1UPS 主机柜	市电输入指示灯是否正常	
		旁路输入指示灯是否正常	
		蓄电池指示灯是否正常	
		运行状态是否正常	
		无故障报警是否正常	
	#2UPS 主机柜	市电输入指示灯是否正常	
		旁路输入指示灯是否正常	
		蓄电池指示灯是否正常	
		运行状态是否正常	
		无故障报警是否正常	
	蓄电池监控器	监控器运行状态是否正常	
		蓄电池运行状态是否正常	
		监控器无故障报警是否正常	
		巡检仪监控 1	总电压：
			电流：
			温度：
	蓄电池组 1	蓄电池外观无变形是否正常	
		蓄电池无漏液是否正常	
		蓄电池电压是否正常	
	蓄电池组 2	蓄电池外观无变形是否正常	
		蓄电池无漏液是否正常	
		蓄电池电压是否正常	

续表

系统位置	设备名称	巡检内容	正常打√ 异常打× 并在备注项注明	
×楼 UPS 电源系统	交流总进 线屏1# AA1-1	市电输入是否正常		
		主开关运行是否正常		
		设备运行状态是否正常		
		主断路器温度	℃	
		无故障报警是否正常		
		#1 UPS 输入多功能表	A：	A
			B：	A
			C：	A

（3）日常巡视记录表

表5.3

自动化机房日常巡视记录表							
巡视人员:白: 晚: 巡视日期: 年 月 日							
×楼 A01 机柜							
设备位置	业务类型	设备型号	巡视内容	巡视标准 （正常）	责任人	重要性	巡视结果
33UB	一区备调 交换机 A	思科 C2918	系统	绿色常亮			
			状态	绿色常亮			
30UB	一区备调 交换机 B	华三 S5800	SYS	绿色常亮			
			PWR1	绿色常亮			
			PWR2	绿色常亮			

续表

× 楼 A02 机柜							
设备位置	业务类型	设备型号	巡视内容	巡视标准（正常）	责任人	重要性	巡视结果
24U	终端加密装置	卫士通	电源	绿色常亮			
16U	终端外网服务器 1	戴尔R420	⏻	绿色常亮			
			⏺	绿色常亮			
13U	隔离装置（正向）	鸿瑞85M-Ⅱ	电源	红色常亮			
			内网 运行	绿色闪烁			
			内网 网络	绿色闪烁			
			外网 运行	绿色闪烁			
			外网 网络	绿色闪烁			
07U	终端内网服务器 1	戴尔R420	⏻	绿色常亮			
			⏺	绿色常亮			
40UB	三区 OMS交换机	华三S5800	SYS	绿色常亮			
38UB	三区D5000交换机	华三S1224	Power	绿色常亮			
36UB	外网交换机	华三S1224	Power	绿色常亮			

6

自动化运维服务质量评价

随着电力调度自动化技术的快速发展，自动化系统运维服务外包已经成为电力企业降低成本、提高核心竞争力的普遍选择，然而由于第三方运维服务商质量的参差不齐，因此客观评价调度自动化系统运维服务的工作质量成为企业有效管理运维承包服务商，保障其调度自动化系统稳定运行的一个重要手段。

那么要如何提高调度自动化系统运维服务外包工作质量？研究数据表明，在 IT 服务过程中有20%的问题来源于 IT 技术或产品方面，80%的问题来源于企业 IT 运维管理方面，因此，如何加强电力调度自动化系统运维外包服务能力，提高运维服务外包的服务质量成了外包业务的管理部门应解决的首要问题，而运维服务质量评价是管理好运维服务提供商，提升其承担的运维服务质量的重要手段。

6.1　运维服务质量定义

6.1.1　运维服务质量模型

电力调度自动化系统运维服务质量由交互质量、实体环境质量和结果质量共同构成。交互质量的影响因素包括员工态度、员工行为和员工具备的专业知识，实体环境质量的影响因素包括服务氛围、服务设计和其他各种社会因素,结果质量的影响因素包括服务的等待时间、服务的有形性和服务的评价。具体关系构成如图6.1所示。

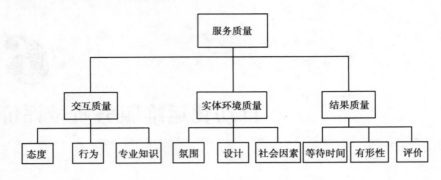

图6.1 运维服务质量三因素图

6.1.2 调度自动化系统运维服务外包内容

调度自动化系统运维外包服务主要包括两个方面,即基础性运维服务外包和增值性运维服务外包。

(1)基础性运维服务外包

基础性运维外包主要包括3个层面:IT基础设备运维外包、应用系统运维外包和业务服务运维外包。

IT基础设备运维外包的对象分为两大类:调度数据网所包括的各类网络设备,如路由器、防火墙、交换机、VPN设备等;调度技术支持系统所包括的服务器,如Linux,Windows,Unix,存储等。主要任务如下:

①提供对硬件设备的安装、调试,以确保能正常使用,保障应用系统业务的正常进行。

②提供内部网络搭建和调试服务,确保网络通信能够在调控中心内部正常运行。

③提供基础设备的巡检、更换问题零部件及相关设备调优等方面的运维活动,确保这些已经过了原厂保修期的IT硬件设备如PC服务器、存储设备、网络设备等能够维持正常的运行能力。

应用系统运维外包的对象是各类通用的应用系统,如各类数据库、各类中间件和各类Web应用。其主要任务如下:

①按照业主的要求,为企业进行相关应用软件的安装和配置工作,确保安装完成后,应用系统可以正常运行。

②能够保证应用系统在企业正常的运营时间范围正常运行,并确保能够在系统出现异常的情况后的最短时间内将系统恢复正常,使企业内部活动不受影响。

③能够在运维过程中主动地发现系统问题,并提交问题报告,明确问题产生的根本原因,确保业务流程的正常运行。

④能够及时处理应用系统用户提出的相关问题,并对问题的类型和解决方式进行相关的记录和跟踪。

⑤能够对应用系统进行定期巡查,如数据库的配置与性能健康安全检查、备份完整性检查、空间使用情况检查、错误隐患排除检查等。

业务服务运维外包的主要对象是智能电网调度技术支持系统所包含的各类子业务系统,如 EMS,OMS, ELS 等专用业务系统。其主要任务如下:

①能够保证业务系统正常运行,并确保能够在系统出现异常情况后的最短时间内将系统恢复正常,使电网调控业务不受影响。

②能够在运维过程中主动地发现系统问题,提交问题报告,并从问题产生的根源是由于操作过程还是系统本身,是功能性还是技术性,是否与客户化开发有关 3 个方面查清问题,确保业务流程的正常进行。

③能够及时处理业务系统用户提出的相关问题,并对问题的类型和解决方式进行相关的记录和跟踪。

④能够对业务系统进行定期巡查,如系统的配置与性能健康安全检查、备份完整性检查、空间使用情况检查、错误隐患排除检查等。

(2)增值性运维服务

服务提供商除了提供基础性运维服务外包外,还提供相关的增值性运维服务外包活动,如为相关的用户提供系统应用规划、设计和评估等 IT 基础层面和应用层面的咨询服务,以及设备的安装、配置、硬软件升级、硬件设备优化、信息安全测评、系统整体迁移或升级、培训、风险评估等 IT 硬件和网络设施层面的部署服务。

6.1.3　电力调度自动化系统运维服务的支持方式

运维服务提供商为调度自动化系统业主提供运维服务时,根据服务内容不同、客户特殊要求、时间地点限制等相关因素的影响提供不同的运维支持服务方式,具体的有在线支持服务、远程支持服务、现场支持服务、关键时刻值守服务和驻场服务。

①在线支付服务，是服务提供商借助如邮件、论坛、客户知识库等交流工具与业主方进行相关的技术交流，并及时进行问题解答，为业主提供快速运维服务的方式。

②远程支持服务，是服务提供商由于地点时间限制，无法在业主提出需求的时候及时赶到而采用的服务方式，它主要是通过各类远程协助工具来实现，可以及时响应业主需求。

③现场支持服务，是服务提供商根据业主需求而提供的，安排技术人员在业主指定的服务现场进行运维活动的一种服务方式，一般服务提供商会到现场后对其进行相关的故障恢复工作和预防性的巡检工作。

④关键时刻值守服务，是服务提供商根据业主提出的特殊需求，对那些发生故障后对业务产生深远影响的 IT 硬软件设施设备提供关键时刻的安全值守保障服务。

⑤驻场服务，是服务提供商根据服务协议的规定或业主的需要而提供的 5×8 小时常年驻守服务。

6.2 调度自动化系统运维服务质量评价指标体系

6.2.1 评价指标体系创建原则

由于调度自动化系统运维服务涉及内容的多样性，因此在建立调度自动化系统运维服务质量评价指标体系时，参考 IT 行业成熟的运维服务流程进行设计，以保证运维服务质量评价指标体系对电力调度自动化系统运维服务也适用，在选取评价指标上遵循 6 项原则，即目的性原则、系统性原则、灵活可操作性原则、科学性原则、重点性原则和经济性原则。

①目标性原则。设计运维外包服务质量指标评价体系的目的在于检测调度自动化系统运维服务提供商的服务质量水平，指导服务提供商提高服务水平，保障调度自动化系统运行稳定。

②系统性原则。影响运维外包服务质量的因素有很多，例如，在运维服务初期的设计阶段，服务提供商是否能够全面考虑电力调度自动化专业的需求在交互阶段服务提供商能否友善和客户进行交流、能否高效及时地处理客户的投诉等；在实施阶段能否有效地进行运维的控制、服务监督、测量

和改进工作;在结果阶段客户能否收到承诺的服务质量。这些因素都会影响运维外包的服务质量,因此,在对电力调度自动化系统运维服务质量指标体系进行设计时,要本着系统全面性原则,从设计、实施、交互和结果多视角出发,设计服务质量评价指标体系,而不是仅仅局限于运维某个控制实施过程,这样才能对服务提供商的服务水平进行科学、合理的评价。

③灵活可操作性原则。由于调度自动化系统运维服务内容的多样性,电力调控中心会根据自身需要向服务提供商提出不同的服务内容,因此,对响应的运维评价指标也会发生相应的变化,这就要求运维评价指标能够具有一定的弹性,能够随着实际的运维服务适时作出对应的指标调整,提高评价指标的可用率。

④科学性原则。科学性原则是成功建立评价指标的根本保障,实际中需要评价指标能够科学反映调度自动化系统运维外包的实际情况。指标体系能够从衡量服务质量的水平出发,结合各类可能会影响服务质量的因素和相关理论研究,逐步建立在各阶段影响服务质量的评价指标,从而建立综合评价指标体系。

⑤重点性原则。由于影响服务质量的因素众多,如果在选取调度自动化系统运维外包服务质量指标时,把每个影响因素都全面考虑到,那么最终设计的评价体系就过于庞大,对服务质量的评价工作会过多地注重于细节方面,会给人一种冗余繁重、主次不分、逻辑不清的感觉,难以全面准确衡量运维外包服务质量水平。如果把影响服务质量的因素考虑较少,那么,最终设计的指标体系就太小,难以真实地反映服务提供商的运维服务质量水平。因此,在评价指标的选取过程中,应该尽可能选取与调度自动化系统运维外包服务关联最紧密的重要指标,使评价指标能够具有代表性和概括性。

⑥经济性原则。对于评价指标的选取应该遵循经济性的原则。如果在指标的获得上难度较大,花费成本较高,应该尽量舍去,对于舍弃的指标应该选取内容上比较接近,实际上比较容易获得的评价指标取代。

6.2.2 指标体系的维度

运维服务质量由交互质量、实体环境质量和结果质量共同构成。要想全面提高调度自动化系统运维服务质量要先从服务质量设计开始,在这个环节上从电力调度自动化系统运行需求出发,考虑好需要的服务质量要素,是业主对服务提供商质量评价的第一环节。再从服务的交互环节入手,这一环节贯穿于运维服务的全部过程,是企业在进行相关运维活动中关注的重点之一,如果没有好的交互质量就不可能提供优良的运维服务过程。接着从服务的实施环节入手,这一环节是运维服务的核心过程,企业能否享受到优良运维服务在这一环节得到集中体现。最后从服务的结果环节入手,这是企业对服务提供商运维服务质量的最终评价,主要关注服务提供商是否能够对运维存在的隐患进行持续跟踪、是否能达到预先规定的效果等活动。因此,评价质量指标体系的建立应从4个维度进行,即设计质量、交互质量、实施质量和结果质量。

(1)设计质量

服务是否优质,是否能够得到用户的认可,取决于服务提供商是否能够根据客户需求设计特定的运维服务。在运维服务提供初期,影响设计质量因素有很多,如服务提供商的企业形象、服务费用、员工素质和服务内容。

①企业形象。良好的企业形象是服务提供商专业能力和整体实力的客观反映。

②服务费用。合理的服务费用是业主关心的重要因素,也是影响服务质量的关键条件之一。

③人员素质。优秀的人员素质,是保障服务质量的关键因素。

④服务内容。详细周全的服务内容,能够让服务提供商清楚运维服务工作的全部内容和流程,组建符合业主要求的服务团队,确定合理的服务报价。同时,细致的服务条款也是服务质量评价的依据。

(2)交互质量

交互过程在服务提供过程中一直存在,交互质量的高低,直接影响服务沟通过程中服务质量的好坏。因为具体运维服务工作的开展是通过业主与服务提供商长时间的沟通协调来完成的,在双方沟通协调过程中影响交互质量的因素有沟通能力和投诉处理能力。

①人员沟通。良好的沟通态度可以使服务提供商在实施运维服务前主动向业主全面了解实际的运维状况,从整体上把握运维活动。高质量的信息传达可以在与业主进行交流的过程中清晰、全面地了解用户需要,清晰把握问题关键,根据相关实际情况有条理地表述自己的观点,引导业主向正确的方向进行。

②投诉处理。快速有效的投诉服务处理能力,能够让服务提供商在实施过程中及时了解服务过程中的问题,能够有针对性地进行改进,保证运维

过程中的服务质量。

③应急能力。应急能力是对服务提供商在处理运维服务过程中处理突发事件的反应能力、业主多样化需求的满足程度、积极面对问题的态度等状态的一种综合描述。

在实际运维服务过程中服务承包商处理突发事件的能力越高,服务质量满意度就越高,最终反映的运维服务水平就比较高。

（3）实施质量

运维实施过程是运维外包服务质量的关键环节,实施质量的高低,直接影响到运维服务质量的好坏。将运维的实施质量按运维外包服务内容分为3个模块,即基础服务质量、应用服务质量和增值服务质量。

①基础服务质量。基础服务是服务提供商为用户进行 IT 硬件设备安装、调试及巡检,内部网络搭建、调试及升级,以确保能正常使用的基础服务。提高基础运维服务质量可以保障 IT 硬件设备及网络在企业内部的安全正常运行,为企业业务流程的正常运转打下基础。

②应用服务质量。应用运维服务是服务提供商根据运维外包服务的管理流程,对企业的应用信息系统进行相关的事件管理、问题管理、配置管理、变更管理、发布管理、知识库管理和服务台管理等活动,能及时监控企业信息系统的运行状态,主动发现信息系统运行时存在的安全隐患,并在系统故障发生时能够在最短的时间内将系统恢复正常。应用运维服务质量直接关注到企业业务系统是否正常运行,对其正常开展非常重要。

③增值服务质量。增值服务指服务提供商根据企业用户的需要提供信息安全测评、评估、咨询、用户培训、系统的优化升级等活动。增值服务质量的提高为 IT 运维外包服务在企业的顺利开展打通了道路。

（4）结果质量

对运维结果质量的评估是最有效反映运维外包服务质量的有效手段。根据运维外包服务后期的工作内容,将结果质量评价分为后期服务质量和服务效果质量两部分。

①后期服务质量指在运维外包服务后期工作中,需要对运维过程中遗留的运维问题进行持续跟踪处理活动,并将一些保密文档进行安全处理。

②效果质量重点关注的是运维服务是否达到预期承诺的运维服务水平,是否保障企业信息系统正常运行两个方面的内容。

影响调度自动化系统运维外包服务质量的指标体系结构如图6.2所示。

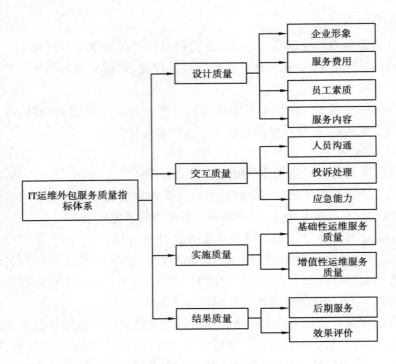

图 6.2　运维服务质量指标体系结构图

6.2.3　服务质量评价指标选择

1) 设计质量指标

设计质量指标的因素包括企业形象、服务费用、员工素质和服务内容 4 个方面。

(1) 企业形象

企业商誉是企业价值的整体体现,它主要包括企业在业内的口碑和以往客户的评价等。优质的企业商誉代表着企业在业内的口碑较好、客户对提供服务的满意度较高,这样就会吸引更多潜在的客户。

服务提供商是否能满足业主的真实需要,解决用户关键问题和能否达到预期收益。

(2) 服务费用

服务费用是指业主获得 IT 运维服务所需要支付的费用。很多情况下,合理的价格是决定用户是否消费的关键因素,面对众多 IT 运维服务提供商,业主会"货比三家",根据自身的成本效益进行分析,最终选择一家最优的服务提供商。

该指标体系中运维服务费用的收取主要体现在两个方面,即日常运维服务项目收费和异常运维的额外收费。

（3）员工素质

员工形象是服务提供商形象的代表,员工的得体穿着、谈吐、积极向上的工作态度等都是员工形象的综合体现,优质的员工形象代表着服务提供商对员工的有效管理。

员工综合技术是专业运维知识、专业运维技能和运维经验的综合体现。综合技术水平偏低会使员工在运维过程中提供低水平的运维质量,从而影响员工与业主交互过程质量。运维知识主要包括从事运维服务所必备的专业知识,如在为客户提供 D5000 运维服务时,必须了解 D5000 系统运维专业相关的解决方案体系和相关系统的操作流程等相关知识;运维技能是体现员工是否具备专业运维活动所具备的能力,因为运维过程中难免会有突发事件的发生,专业的运维技能能够使员工在短时间内快速地解决问题,避免对业主的业务造成影响;运维经验是体现员工从事运维服务时间长短或曾参加过什么运维项目等的体现,具备一定经验的员工能够将以前运维服务提取的精华运用到现在的运维服务上来。较高的综合技术水平能够保证业主的运维业务有效平稳地进行,而衡量员工的综合技术水平的高低主要是从相关的技能证明材料和工作经验中进行综合考评。

（4）服务内容

①详细性

服务提供商在为业主提供调度自动化系统运维服务的初期,需要对运维的每个运维实施阶段、运维实施活动、运维实施工作内容、交付成果和运维服务的优先级别进行详细的描述,如对常规的运维巡查服务,需要每月对 PC 设备、网络运行状况、IT 变更发布进行相关巡查,在每月月末提交《月巡查报告》。对运维服务内容的详细描述能够使运维有效合理地进行,并对其进行有效地跟踪。

②创新性

创新性是从业主的个性化需求角度出发建立的运维服务创新。具体地说,服务创新是指服务提供商在为业主提供运维外包服务时,并不是单一地提供基础运维外包服务、应用运维外包服务和增值外包服务,而是根据业主个性化需求和实际情况,提出基于这 3 种运维外包服务上最优化运维解决方案。

2）交互质量评价指标

影响交互质量指标的因素包括人员沟通、投诉处理和应急能力 3 个方面的内容。

（1）人员沟通

人员沟通是指服务提供商在进行运维服务时需要时刻与业主进行交流的过程。沟通质量的高低直接影响到服务提供商与业主之间的关系，而在此过程中业主一般会关注服务提供商与用户沟通中的态度和信息传递质量。

①沟通态度

沟通态度包括在沟通过程中服务提供商是否能积极主动向业主了解实际运维环境、状态和存在的问题，能否在业主遇到问题时以及时、友好、专业的姿态帮助业主化解此次问题危机，能否在运维服务后期主动、及时了解运维效果的一种综合状态描述。因此，服务提供商在开始提供运维服务时任何表现的状态都可以被业主认为是运维服务过程中沟通态度的表达因素。沟通态度好反映的结果就是沟通质量高，可帮助服务提供商及时了解运维方面的相关信息，准确找到运维服务时相关的应对方案。

②信息传递质量

信息传递质量是业主对服务提供商能否准确无误理解所传达信息的一个衡量指标。高质量的信息传递代表着服务提供商能够理解业主目前的需求，从而帮助服务提供商提升沟通过程的质量水平。相反，如果信息传递质量较低，则表明服务提供商需要反复与业主进行交互确认，这样会使业主怀疑服务提供商的服务能力水平，降低运维服务质量。

（2）投诉处理

在运维的过程中，业主对服务提供商的服务有时会产生不满情绪，在提供服务时，服务提供商需要对相关的投诉进行控制和处理，其中，最主要的指标就是投诉处理的及时性和有效性。

①投诉处理的及时性

及时性是指服务提供商能否在业主能够承受的时间范围内及时处理业主投诉事件占业主投诉事件数的比率值的一种描述。如果投诉处理得及时，虽然不能提升业主对服务提供商运维服务质量的满意度，但是能够帮助服务提供商及时了解运维过程中出现的问题，如服务台是否设置合理、员工是否能够有效帮助业主解决问题等。相反，低效率的投诉处理，会加深业主对服务提供商的不满情绪,因此,投诉处理的及时性应该成为衡量服务质量的一个环节。

②投诉处理的有效性

有效性是指业主对服务提供商在运维服务进行投诉时,实际上是由服务提供商引起的,经过查证确实属于服务提供商过失的业主投诉的一种描述。因此,通常会用投诉处理的有效率来衡量这一指标,有效投诉率是指有效投诉的总数占总投诉数量的比重,它可以明确地告诉服务提供商在实际运维过程中由自己过失产生的投诉有多少,从而帮助服务提供商从侧面控制运维服务的质量水平。

(3)应急能力

应急能力是对服务提供商在运维服务过程中处理突发事件的反应能力、对业主多样化需求的满足程度、积极面对问题的态度等状态的一种综合描述。在实际运维服务过程中服务提供商处理突发事件的能力越强,承包商的满意度就越高,最终反映的运维服务水平就比较高。

3)实施质量评价指标

影响实施质量指标的因素包括基础性运维服务质量和增值性运维服务质量两方面的内容。

(1)基础性运维服务质量

基础性运维外包涉及的范围较广,主要包括 3 个层面,即 IT 基础设备运维外包、应用系统运维外包和业务服务运维外包。

IT 基础设备运维外包的对象分为两大类:各类网络设备,如路由器、防火墙、交换机、VPN 设备等;各类服务器,如 Linux,Windows, Unix,存储等。主要任务是对相关网络设备和服务器进行安装、调试和巡检。此时运维强调的是服务的及时性和服务的保证性。因此,对 IT 基础设备运维的评价指标为:及时安装 IT 设备、保证设备可用和定期进行设备巡检。

应用系统运维外包和业务系统运维外包的对象分别为:各类通用的应用系统,如各类数据库、各类中间件、各类 Web 应用和各类业务系统,如 D5000,OMS,PMU,ELS。为了保证它们的正常运行,降低故障发生率,都会实施运维管理流程控制。运维管理流程是依据 ITIL 理论建立的运维服务管理方式,一般包括服务台管理、事件管理、问题管理、变更管理、发布管理、配置管理和知识库管理。

服务台:主要是为了与用户保持沟通,处理用户的多种询问和请求。其主要的任务是:通过电话、电子邮件等方式接受用户的请求;记录并跟踪用户的请求;及时通知用户其请求的当前状况和最新进展;及时通过请求级别协调解决方式。

事件管理:主要是确保当运维服务对象出现故障时能够尽快恢复服务。它主要是服务提供商为了业主能够在最短时间内恢复正常的工作状态而设计的,将对业务的影响降到最低。其主要任务是:跟踪识别已发生的事故;对事故进行初步分析并提供支持;调查并识别引发事故的潜在原因;解决事故并恢复服务。

问题管理:主要是为了避免问题的再次发生,寻找发生问题的根本原因,并找到隔离解决的方法,从而尽可能减少对业务系统运行造成的影响,维护业务系统正常运行状态。其主要任务是:识别并记录问题;分析问题,并将其进行归类处理;找到问题的根源;终止问题。

配置管理:主要是识别和确认系统的配置项,记录并报告配置项的状态和变更请求,检验配置项的正确性和完整性等活动。其主要任务是:识别相关信息的需求,包括目的、范围、目标、策略和程序;识别配置项;记录配置项;保证配置项被记录和可追述的历史记录是有效的。

变更管理:主要是通过在调度自动化系统运维服务中对硬件、软件、网络、应用系统以及相关的文档等进行标准化管理,对它们的变动进行有效监控,确保变更顺利进行,从而消除和降低变更过程中所引起的相关问题。其主要任务是:记录及筛选变更请求;分类并确定变更的优先级别;评价变更的影响;实施变更时所需的资源;获得变更的正式批准;安排变更进度;实施变更请求;评审变更请求的实施。

发布管理:主要是从全局监督调度自动化系统运维服务的变化,确保经过完整测试的正确的调度自动化系统运维服务流程版本得到授权后进入正式的运作环境中。它的主要目的是通过标准化的方法对将进行变更的流程进行一系列的规划、设计、建设、配置和测试等,确保即将发布的质量。其主要任务是:制订发布计划;进行发布测试并检查其合格性;制订首次运行计划;通知相关的用户;结束发布。

知识库管理:主要是用来实现采集、更新、恢复和修改运维过程中的相关知识,向用户提供使用和查询知识库的服务能力。

在这些运维管理服务中,还是着重强调提供服务的及时性、响应性、系统的可用性。这里的及时性是指服务提供商能够在短时间内响应用户需求,在有效的时间内解决故障问题;响应性是指服务提供商能够主动为用户提供系统健康检查等服务;系统的可用性是指保证系统的各种类型数据库的完整性,能够有效地为用户提供支持。

因此,在该环节评价应用运维服务质量重点关注的指标应该为:服务台快速响应;事件处理的及时性;问题定位的准确性;事件监控的有效性;变更的有效性;信息发布的及时性;配置数据的正确和完整性;知识库的有效使用性;定期对系统进行巡检。

综上所述,可以评价基础性运维服务的评价质量指标如下:

①及时安装硬件设备。硬件设备安装的及时性,是强调在业主提出需求后立刻响应。

②保证硬件设备可用。保证硬件设备的可用性,是强调在将硬件设备安装完成后进行相关的调试,保证设备能够正常运行。

③定期进行设备、系统和数据库巡检。对设备、系统和数据库的定期巡检是一种主动的运维方式,主要包括对设备、系统和数据库的健康检查活动。

④服务台快速响应。服务台是连接业主与服务提供商的第一道接口,快速响应业主的需求包括:能够及时定位问题的级别,较低级别的可以由服务台人员直接处理,提高响应效率;能够事后及时为业主反馈事件的进展情况。

⑤及时处理事件。及时处理事件,是当系统发生故障时,能够将故障快速解决,降低对系统运行的影响。

⑥准确定位故障问题。当故障解决后,需要对故障发生的根源进行查明,避免以后相同事件的再次发生。

⑦事件监控的有效性。根据问题的定位,对故障会发生的根源进行监控,从源头对故障进行排查,避免相同情况发生再次对系统运行造成影响。

⑧变更的有效性。变更的有效性是指变更的次数或数量是可行的,不是重复或无效不可实施的。

⑨信息发布的及时性。是强调对于经过测试后有效变更的信息能够及时传达给用户,为系统的实施作好准备。

⑩及时更新配置数据。在处理事件、分析问题、发生变更等环节时,都会发生配置项的相关变动,配置数据更新的及时性保证了它的正确性和完整性,使配置数据库能够找到相关正确的配置项支持这些环节的活动。

⑪知识库的有效维护。是指能够及时更新新的故障处理相关知识,维护知识库的完整性,使需要运用同样的知识时能够及时调用。

(2)增值性运维服务质量

增值性运维服务是指服务提供商根据业主特殊需求对相关运维服务进行优化、系统进行二次开发、培训等的过程。衡量增值性服务的指标有数据采集的有效性、瓶颈定位的准确性、培训的有效性和方案考虑的全面性4个方面。

①数据采集

数据采集的有效性,是衡量服务提供商工作效率的指标,它可以通过服务提供商实际使用的数据量和采集数据总量的比率来衡量。

②瓶颈定位

瓶颈是业主在运维服务过程中遇到的发展障碍,此时需要服务提供商根据业主的需求进行系统优化、二次开发等活动,准确定位能够使服务提供商快速找到系统瓶颈存在的关键点,快速准确的瓶颈定位建立在高效的数据采集、分析的基础上,因此,定位得越准确代表着服务提供商的服务能力越强,能使业主准确地了解到自己的发展障碍在哪里。

③培训的有效性

服务提供商在提供相关运维服务时,总会涉及一些专业的运维知识,为了业主能够更好地进行运维,需要对他们进行一些相关的运维知识培训,培训的有效性是指服务提供商能够根据业主的实际情况进行培训,能够及时更新培训内容和培训方案。

④方案设计的全面性

方案设计的全面性是指服务提供商能够在制作方面前全面考虑服务中存在的各种风险,并能够结合以前成功的优化案例全面性地优化或开发方案。

6.3 调度自动化系统运维服务评价实例

本节介绍一个电力调度自动化系统运维服务评价实例以供读者参考,见表6.1。

表6.1 运维服务评价表

一级指标	二级指标	三级指标
t1 设计质量 (0.17)	t11 企业形象(0.3)	t111 企业商誉(0.54)
		t112 服务方案(0.46)
	t12 服务费用(0.3)	t121 日常运维服务项目收费(0.57)
		t122 额外项目服务收费(0.43)
	t13 人员素质(0.2)	t131 员工形象(0.5)
		t132 综合技术(0.5)
	t14 服务内容(0.2)	t141 详细性(0.5)
		t142 创新性(0.5)
t2 交互质量 (0.38)	t21 人员沟通(0.35)	t211 沟通态度(0.45)
		t212 信息传递质量(0.55)
	t22 投诉处理(0.3)	t221 投诉处理及时性(0.55)
		t222 投诉处理有效性(0.45)
	t23 应急能力(0.35)	t231 应急方案完整性(0.3) t232 应急方案有效性(0.4) t233 应急组织(0.3)

续表

一级指标	二级指标	三级指标
t3 实施质量 (0.13)	t31 基础性运维服务质量(0.5)	t311 服务台响应(0.1)
		t312 及时事件处理(0.2)
		t313 准确故障定位问题(0.2)
		t314 事件监控有效性(0.1)
		t315 变更的有效性(0.1)
		t316 信息发布及时性(0.1)
		t317 及时更新配置数据库(0.1)
		t318 知识库维护有效性(0.1)
		t319 系统和数据库巡检(0.2)
	t32 增值性运维服务质量(0.5)	t321 数据采集有效性(0.2)
		t322 瓶颈定位准确性(0.2)
		t323 培训有效性(0.4)
		t324 方案考虑全面性(0.2)

续表

一级指标	二级指标	三级指标
t4 结果质量 (0.32)	t41 后期服务(0.7)	t411 问题跟踪解决(0.6)
		t412 安全处理性(0.4)
	t42 效果评价(0.3)	t421 运维服务质量标准达成率(0.5)
		t422 业务运行正常性(0.5)

注:各项目括号内数字为各项得分的权重值。

运维服务质量评价水平划分为 5 个等级:非常满意、比较满意、满意、不满意、非常不满意,并将这 5 个评价等级分别进行赋值,(非常满意、比较满意、满意、不满意、非常不满意) = (5,4,3,2,1)。

计算方法如下:

$$运维服务总分 = \sum_{t1}^{t4} (t{*}{*}{*}得分 \times 权重 \times t{*}{*}权重 \times t{*}权重)$$

89

7

自动化系统运维管理平台设计实例

7.1　管理平台信息流介绍

事件信息是收集来自一体化监控平台、OMS 工作票、点检系统及 OMS 服务台产生的信息,如图 7.1 所示。

故障信息是对事件信息过滤的结果,对收集的事件信息进行分类,紧急和重要事件信息直接变更为故障信息。一般事件信息经过服务台工作人员的判断,一种变更为故障信息,另一种直接由服务台处理关闭。

缺陷服务是对故障信息匹配对应的服务目录,根据服务目录和对应的故障级别,追加对应的事件服务团队和服务流程。缺陷服务由单纯的故障信息转变为具有服务团队、服务时效的有生命力缺陷服务流程工单。

7.2　事件信息采集

7.2.1　一体化综合监控平台

一体化综合监控平台通过各种不同接口适配器,从被管理对象处采集事件信息,进行相应处理、删选,建立并存储在故障信息数据库中。事件信

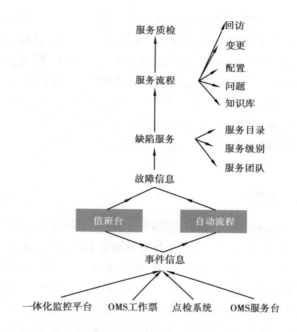

图7.1   自动化系统运维管理平台整体框架

息采集包括机房环境、关键应用、数据库、主机设备、网络设备和安全设备等。每类资源采集的指标应可配置,采集周期可根据需要调整。主要监视内容如下:

①机房环境:机房内的温湿度/漏水数据、实时视频监控、电源系统(UPS、配电柜)实时数据、精密空调、门禁系统等运行状态。

②关键应用:EMS/ELS 等系统的关键进程、SCADA/FES/PAS/AVC/AGC 等应用的状态等。

③主机设备:各系统主机设备的 CPU 使用率、内存使用率、磁盘分区使用率等。

④网络设备:各系统交换机、路由器网络端口状态、资源(CPU、内存)、端口流量等。

⑤数据库:各系统数据的运行状态、表空间使用率等。

⑥市调内网安全监视平台安防设备信息监视。

7.2.2   OMS 工作票

自动化系统运维安排全部依据工作票执行,因此,工作票的产生需要经过严谨的流程审批,产生工作票之后,针对工作票产生对应的工作票事件服务号,由服务台对工作票进行过滤审批,确认无误后,纳入缺陷服务流程,缺陷服务流程根据服务规范、服务响应时效自动进行流转,服务台配合一线服务人员进行以下操作:①自动化系统及设备检修管理事件SOP【a.遥信封锁;b.遥测封锁;c.遥测对端代;d.回路设置;e.全站设置;f.数据库修改;g.其他等】。②技术支持系统使用问题反馈处置流程管理【SOP】。③主站工作票;直至一线服务人员缺陷服务结束,把缺陷服务生命周期过程信息链接给工作票号。

7.2.3 点检系统

系统根据设备的巡视周期生成巡视计划,并根据设定时间提前通知巡视人。巡视人使用移动 PAD 对机房内的设备进行移动点检,点检的设备范畴主要如下:①环动(a.精密空调:漏水、温湿度;b. UPS:输入电流电压,输出电流电压,电池状态;c.消防气体压力)。②服务器、存储、交换机等。③业务进程、中间件及数据库等。④配电柜/馈电柜/列头柜的信息,母线连接点温差。巡视完毕后登记巡视结果,如果超过巡视周期仍然没有巡视则要再次催工并通知上级领导。

PAD 点检的数据信息输入点检系统,点检系统根据阀值自动比对产生异常的事件信息,发送给事件信息池。

7.2.4 OMS 服务台

OMS 服务台接收自动化系统日常工作的运维信息,也包括一线服务人员的开工申请、完工关闭对应的配合操作,同时对服务过程中产生的变更申请,问题处理以及知识库信息的使用提供辅助,帮助一线服务团队完成缺陷服务。

流程描述:人工发现缺陷,填报缺陷登记单发送机房值班人员,值班人员对缺陷进行判断,如果是缺陷则安排处理人员进行相应的工作,处理人员消缺后要进行缺陷处理结果登记,最后对缺陷报送人进行满意度调查。

缺陷来源上报可采用电话上报,即用户发现缺陷通过电话上报值班员。

电话上报类型的缺陷都是由值班员根据告警或上报内容登记。流程的任何状态的改变都要通知相应的处理人。值班人员在安排处理人员工作时系统提供人员工作表的查询,以便合理安排人员,并预设工作时限。如果处理人员在预设的工作时限内没有完成消缺,则系统要通知处理人和其主管领导,进行催工,在处理人完成消缺登记后要通知报送人。

在安排处理人时要设置工作的预定时限,以便以后对人员进行工时考核等。在系统中记录人员安排的时间和工作,并且要记录所处理的设备信息,在统计分析时可根据人员和设备双向查询。

在缺陷登记流程中,设备的选取不是随意填写,而是根据设备模型来选取,并且在工作管理中,缺陷设备的填报之后,可以点击在表单上的按钮启动相应的流程。

7.3　事件转变为故障

集中的事件信息管理是综合运维平台的基本功能之一,是针对来自平台管理类(包括一体化监控平台,点检系统的告警)、应用管理类(OMS 工作票)、OMS 服务台的告警,进行事件过滤、事件压缩,事件变更、故障清除等操作,并为服务支持功能部分提供故障信息的双向交互接口,包括对上层的业务服务的接口和对未来流程管理平台的接口,针对事件管理功能的实现主要是通过集中的统一事件信息管理模块来完成,通过事件信息管理模块,实现事件信息的统一集中处理。

7.3.1　事件信息管理模块功能

(1)事件信息采集

实时采集事件信息并上传,实现来自多个采集源的事件数据的汇总和集中处理,包括来自一体化监控、点检系统、OMS 工作票及 OMS 服务台的事件信息。

(2)事件信息处理

事件信息汇总到统一平台后,实现信息过滤、压缩、汇总、关联分析等处理功能,把事件信息优化为故障信息。

(3)事件信息过滤

事件信息过滤是指根据需求设置事件信息显示的过滤条件,将符合条件的事件信息推送给故障信息库中。值班人员可以查询、修改、取消这些过滤条件。事件信息过滤是针对事件信息的显示进行过滤,不应影响任何事件信息的上报及其存储,也不影响对事件信息的查询和统计。

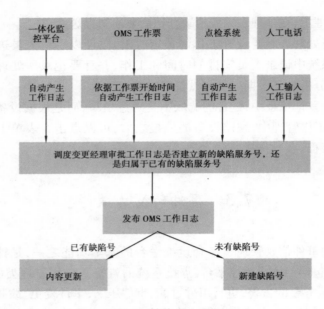

图 7.2　缺陷产生流程

（4）事件信息的压缩

事件信息压缩是指当平台收到重复发送的同一事件信息时,事件平台自动消除重复的事件信息,只保留最初一条事件信息,同时记录并统计事件信息重复上报的次数。值班人员可以对事件信息压缩的条件进行灵活的配置。

（5）事件信息汇总

事件信息汇总是指系统可以集中展示下属各集控的事件信息,在事件信息中应包含不同单位的标志以示区分。

（6）事件信息展现

用户可以查看实时的事件信息,并完成相应的动作（确认事件信息、关闭事件信息、转入事件处理流程等）,支持自定义事件信息显示界面。

（7）事件信息响应

支持事件信息处理的自动化任务,可以发送通知,通常包括声光电报警、短信报警、邮件报警等。

7.3.2　故障信息等级

根据事件信息的严重程度,将告警级别进行划分,具体分为 4 个级别,见表 7.1。

表 7.1 故障等级划分

严重级别	说　明
紧急	由重要故障信息升级而成。当重要故障信息在承诺范围内没有处理完毕时,重要故障信息自动升级为紧急故障信息。紧急故障信息需要根据预案自动产生缺陷服务工单进行流程服务处理。紧急故障信息需要通过短信、邮件、界面告警灯方式告知用户
重要	由一般故障信息升级而成。当一般故障信息在承诺范围内没有处理完毕,一般故障信息自动升级为重要故障信息。重要故障信息根据预案进行流程服务处理。重要故障信息需要通过短信、邮件、界面等方式通知用户
一般	由通知故障信息升级而成。当通知故障信息在承诺范围内没有处理完毕,通知故障信息自动升级为一般故障信息。一般故障信息由人工判断是否采取流程服务。一般故障信息需要通过短信、邮件、界面等方式通知用户
通知	通知故障信息,可能是系统的一些提示信息,不需要走流程服务,可定期消除,通知故障信息仅需通过界面提示方式通知用户

　　根据设备或应用的重要程度,以及故障信息的严重级别,可以确认此故障信息的紧急度,严重程度分为 4 个级别(紧急、重要、一般、通知)。

7.3.3　故障信息响应

　　通过事件信息管理软件的自动化任务,为不同事件信息设置不同的过滤方式,可以在事件信息管理服务器或远程服务器,甚至是同时在多个系统上执行。

7.3.4　故障信息处理

故障信息处理应遵循以下原则:
①准确性:保证故障信息根据所属级别得到准确处理。
②实时性:保证关键故障信息得到及时处理。
③参数化管理:提供灵活的参数化配置,保证故障信息处理具有很强的适应性。

故障信息管理服务器包含一个故障信息处理引擎,能够根据规则库中的各种规则对故障信息进行处理,包括进行以下的操作:

(1)故障信息故障定位

故障信息故障定位应与 IT 资源管理数据和应用逻辑相结合,根据设备厂商或应用软件开发商提供的最小粒度定位,如 CPU、网络接口卡、路由模块、关键业务点等。

(2)故障信息过滤

针对单位时间内发生大量故障信息的情况,按维护要求和管理部门的要求及实际管理情况,过滤从底层提取的故障信息中不重要的信息,减少轻微故障信息的干扰,以提高监控与处理的效率。同时可以根据业务与平台的关联关系,对业务与平台两个层面的故障数据进行关联分析,定位主要故障信息、过滤掉关联事件,提高故障信息的处理效率。故障信息过滤需要提供灵活的过滤规则,可按事件网元、故障信息级别、故障信息类别或事件标题等设置过滤规则。根据故障信息的内容,屏蔽掉一些次要的字段。对已设定的过滤规则需要提供保存和修改功能,便于维护人员灵活选择。故障信息过滤应实现对以下事件的过滤:频繁发送的同一故障;由主要故障引起的相关大量的关联故障;已进入服务管理流程进行处理,重复发送的故障;特殊情况下,只需要记录不需要展现的特殊资源的相关故障。

(3)故障升级

对于系统中持续出现以及超过规定处理时间仍未解决的故障,需要升级故障的故障级别,以保证得到优先、及时的处理。

(4)故障重定义

根据系统平台及应用逻辑在功能、结构等方面发生的变化,重新定义事件数据所属的类别和级别,保证事件系统处理的正确性。

(5)事件前转

系统提供事件前转功能,将事件信息以各种手段(手机短信、E-mail 等)转至指定的维护人员。

①事件前转方式。自动前转:根据事先的设定,将故障信息自动前转到其他综合运维平台或相关人员;手工前转:由监控人员把事件手工前转到其他系统或相关人员。

②事件前转条件。故障前转的设置条件:故障类型、故障级别、被管资源类型、故障设备所在地区、需要通知的相关系统和人员、故障的处理时间等。管理员可以存储设定的故障前转条件,并可对故障前转条件列表进行

增、删、查、改等操作。

（6）故障清除

对于系统中已经处理完毕的故障信息,需要设置相关的标志,标记为清除,退出故障处理流程。

7.3.5　故障数据内容

所有故障数据均应包含以下字段:故障编号、故障类别、故障时间、故障源 IP、故障源主机名、故障实例、故障参数、故障地点、故障设备级别、严重级别、故障状态、持续时间、故障描述、工单状态。另外,故障数据结构中提供字段扩展功能,在针对不同的系统时,能够添加不同的字段,满足不同性能数据的需求。

7.4　故障信息保存

收集的事件信息集中存入数据库,经过过滤后产生故障信息。故障信息为后续缺陷服务提供基础数据。存入的故障信息,为以后产生问题信息提供比对数据。

7.4.1　事件信息管理

一体化监控平台、OMS 工作票、点检系统以及 OMS 服务台推送过来的事件信息,在事件信息平台中集中保存。保存的格式根据原有的模式保持不变。

7.4.2　故障信息管理

故障信息的管理包括事件信息的人工处理和事件信息的自动化处理两个部分。

（1）人工处理

事件池收集的信息,根据事件的严重程度分为 4 类,对于非紧急和非重要的事件数据,由值班台进行预处理,主要是对采集来的原始信息进行删选,对于没有用的事件信息直接删除,有用的信息值班台能够处理的直接进行处理,处理不了、有价值的事件信息,发送到故障信息池中。

（2）自动化处理

事件池收集的信息,事件严重程度满足紧急和重要两个级别,自动转发到故障池集中保存。

7.5　运维服务流程管理

运维流程管理通过运维流程设计,为运维流程、资产管理流程提供流程定义、流转等流程底层支撑的流程功能设计。流程功能模块包括:服务台、服务请求、流程管理、事件管理、变更管理、资源管理、问题管理等。

服务台模块作为流程管理的入口,支持服务台操作员记录和追踪所有呼入呼叫;服务请求实现从请求到交付及分配整个流程的自动化;事件管理负责记录、分类、调查/诊断、解决已知问题、监控跟踪事件、与用户和问题管理流程交流、最终解决事件;问题管理通过专家分析发生的事件,确定最常发生或具有最大影响的事件,找出根本原因;资源管理描述、跟踪和汇报 IT 基础架构中的每一个设备或系统的状态和关系的管理流程,资源管理是服务管理的核心流程,支持其他流程的更有效运行,特别是变更管理、事件管理和问题管理等流程;变更管理通过一个单一的职能流程来控制和管理整个运行环境中的一切变更,并和资源管理建立接口。

7.5.1　故障事件产生缺陷服务

事件与故障管理流程是负责解决自动化系统的运维管理中的突发事件、故障和用户请求等的流程。它的目的是尽快恢复被中断或受到影响的自动化系统,它的特点往往是以解决表征现象为目的,而不在于查找根本原因。事件与故障管理流程受事件触发和驱动,所谓事件,是指发生了非常规的运作情况,包括警告和故障（正常运行状态\警戒状态\紧急状态\系统崩溃\恢复状态）事件管理研究是对自动化业务系统日常的信息、告警和故障情况进行跟踪和处理的方法。事件也包括一个用户的请求,不是所有的事件都由用户产生,自动化系统环境监管产生的告警也可引发事件。

事件与故障相关信息,已知问题的处理方法记录在运维安全知识库,门户负责报告事件和尽快恢复服务,目的是在事件管理阶段获得尽可能高的事件解决率。事件与故障管理的责任是记录、分类、解决已知问题、调查/诊断、监控跟踪事件、与用户和问题管理流程交流、最终解决事件。事件与故障管理流程的主要功能是尽快解决出现的事件,保持业务系统的稳定性。

1)服务目录

服务目录是指从用户角度描述的服务项目以及有关服务级别的简单概要,如宕机时间、应用中断时间等。

服务目录的设计策略,即一方面将这些服务的明细内容列表;另一方面将组织的各种业务细化成业务单元。服务明细与业务清单相对应,形成一份信息化服务的产品目录。通过与目录中的内容对照,可以发现并调整信息化的过度与不足,让信息化循着优势和效益最大化的"关键路径"行进。服务目录的内容主要如下:

(1)业务需求跟踪调研

业务需求调研是业务导向,从数据处理和利用的视角,研究组织自身的能力与业务规模,着重观察记录自动化系统业务流程和管理现状,收集归纳合理化建议,整理分析业务档案。

业务需求调研测算业务量与数据量,分析业务之间的关系,数据之间的关系,研究数据应用带来的增值空间及其局限性。它按月或季形成例行调研报告,还可根据业务发展增加专题调研报告。

(2)解决方案调研

解决方案调研的目的也是为立项提供多种选择。它从充分挖掘组织内部现有信息化资产潜力的出发点,参考别人的成功经验,借鉴市场上的成熟产品,评估收益与风险,并通过探索和创新,提出与自动化系统业务实际相适应的各种简易的原型设计,在很大程度上决定了立项实施阶段的工作内容及成效。

信息化对传统的组织形态、管理理念、管理方式会产生或大或小的冲击与变革。因此,每一套解决方案的形成都需要各利益方的参与及达成共识,这样才有收益可言。它会是一个经由多次"讨论—评审"才能达成确认的过程。

(3)立项实施

立项实施的任务是将前面调研所确立的解决方案落实。与过去相比,这里的项目数量多、规模小、周期短。大手笔的预算不再常见,资金向着小发明、小攻关等小课题分配。这些小项目任务清晰,进度明确,保障有力,成效可见。从中能够收获更多的经验,能够更深刻地认识和掌握信息化建设的规律。对自动化系统业务运营而言,这些项目更接地气儿,信息化也随之从外来的辅助工具越来越内化为组织自身的革新创造。

（4）自动化系统服务绩效跟踪评估

自动化系统服务绩效跟踪评估提供人们对自动化系统服务满意度的调研报告。它考察信息化应用的现状，既总结经验，也查找问题与漏洞。每一项具体的业务都有针对自己的评估。

2）服务级别协议

服务级别协议（Service Level Agreement，简称 SLA），也称为"服务水平协议"，指提供服务的企业与客户之间就服务的品质、水准、性能等方面所达成的双方共同认可的协议或契约。

SLA 是服务级别管理 SMF 中非常关键、十分有用，且通常最具可视性的组成部分。SLA 是 IT 部门与企业双方经协商后一致达成的产物。

为了明确业务部门和自动化系统服务部门各自的责任，服务级别管理人员需要针对双方已达成共识的服务级别需求，签订服务级别协议。同时，为保证完全履行服务级别协议，自动化系统服务部门还需要分别与内、外部供应商签完运作级别协议和支持合同。这 3 份协议构成了支持服务级别管理流程运作的服务级别协议体系，是明确各方主体权利和责任的书面依据。因此，也构成了服务级别管理流程顺利运作的"导航图"。这 3 份协议之间的结构关系如图 7.3 所示。

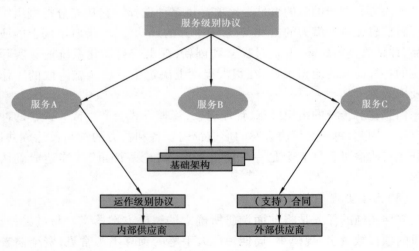

图 7.3　服务级别协议体系

服务级别协议，是自动化系统服务部门与客户就服务提供与支持过程中，关键服务目标及双方的责任等问题协商一致后所达成的协议。服务级别协议应当使用业务部门和自动化系统服务部门都理解的语言，而不宜采用技术化的语言。这样可以便于业务部门和自动化系统服务部门之间的沟通，减少双方之间的摩擦，同时也有利于后期的评审与修改。

运作级别协议，是指自动化系统服务部门和组织内部某个具体的职能部门或岗位，就某个具体的服务项目的服务提供和支持所达成的协议。自动化系统服务部门作为一个整体与业务部门签订服务级别协议后，为了保证能够达到约定的服务级别目标，需要将客户的业务需求转化成具体的服务项目，并针对这些服务项目和相应的内部自动化系统职能部门或岗位签订运作级别协议。

支持合同，是指自动化系统服务部门与外部供应商，就某一特定服务项目提供的支持所签订的协议。如自动化系统服务部门为了达到服务级别协议中所确定的有关通信系统的可用性级别目标，往往需要租用外部供应商的通信线路和设备等。此时，为了保证通信服务的稳定性和可靠性，自动化系统服务部门需要与外部供应商签订相应的支持合同。

需要说明的是，服务级别协议和运作级别协议通常只是自动化系统服务部门内部以及业务部门之间明确各自责任和服务目标的一个书面说明，不属于正式的法律合同，而支持合同则是自动化系统服务部门与外部供应商之间签订的具有法律约束力的正式合同。

3）支持服务协议

支持服务协议有时也可以称为操作级别协议（OLA），用来支持 SLA 中的服务水平级别的实现。OLA 是后台的协议，它定义的服务内容可能与客户不发生直接关系，但却是实现 SLA 所必不可少的。

OLA 在很大程度上和 SLA 相似，但是定义的服务内容还是有较大差异。在电力公司内部，人们关心的首要问题是电力公司的业务能不能正常运作。比如，对于供电服务部门来说，关心的是确保公司的每一位客户能够正常使用电，而不愿意过多去关心完成这一任务所必需的哪怕是关键的服务模块，如供电设备、供电线路或者发电厂状况等。而 OLA 定义的就是这些底层的，用户不太关心的服务，比如供电线路是否可用，发电厂是否正常发电等。

这并不说明 OLA 可有可无，相反，OLA 有很重要的地位，是制订 SLA 的先决条件之一。一个很简单的例子就是，如果供电局和它的客户签订的合约中只能保证供电故障在 4 个小时内解决恢复，那么服务提供商是不可能在与客户达成的 SLA 中同意在 2 个小时内解决所有供电故障的。遇到这种情况，就可能需要修改原先的 OLA。

OLA 带来的好处是明显的，它明确了服务提供商的角色和责任，也明确了服务供求双方的责任关系。

7.5.2 缺陷服务

缺陷服务流程管理的整体框架如图7.4所示。

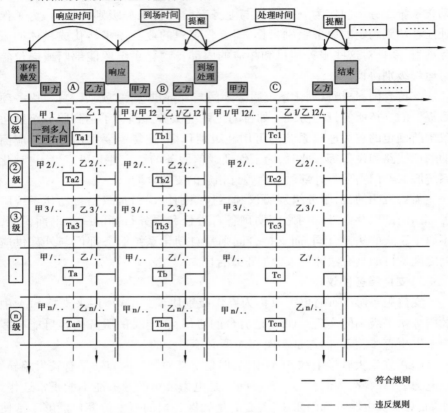

图 7.4　缺陷服务流程管理的整体框架

这是一个 N＊N 的多维自定义模型,横坐标是处理故障服务的流程及时效;竖向是处理各个流程的变更,这些变更是根据规则自动变更,目的是在完成每一个故障服务的前提下,完成对应的服务要求和服务监管。

如图 7.5 所示是建立对应的流程图,整个服务分为 3 级,分为响应阶段、到场阶段及维修阶段。流程设置完毕后,赋予对应的 SLM。每一个 SLM 对应唯一的服务流程,每个流程都有对应的变更时间,每一个阶段也有对应的变更时间,如图 7.6 所示。

流程设置完毕后,SLM 都有对应的服务流程,每个服务流程都有对应的

图 7.5   缺陷服务流程图

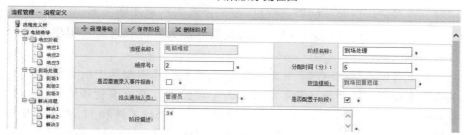

图 7.6   流程时间变更

服务时效。

7.5.3   变更管理

变更管理流程的目标是能够采用一种及时、有效的方式处理变更请求，减小日常运维工作中技术的调整变更给自动化系统自动化业务稳定运行带来的负面影响，在对最终用户影响较小的条件下，为提高服务质量或为解决问题而作相应的配置改变。研究制订标准变更，制订标准操作程序（SOP）实现提高工作效率，控制变更风险。

建立变更风险等级评估与审批流程，根据变更各方面信息的综合评价标准来判断变更的风险等级。根据风险等级实施对应的审批路径。

变更管理操作基本流程如下：变更申请→分配优先级→变更分类→变更会议→影响和资源评估→批准变更→计划变更→变更计划的建立，测试和实施→变更回顾。

电网自动化系统运维服务变更申请见表 7.2。

表7.2

时 间	发起人	内 容	原 因	审批人	实施人	结 果

7.5.4 配置管理

配置管理记录调用自动化系统中心机房的相关硬件资源状况和配置信息、相关文档资料,管理系统中各个组件的整个生命周期,从运行、使用到维护等。它登记组成服务的资产信息,登记这些资产之间的关系,并且维护这种关系,变更管理为其提供变更记录,配置管理为其他管理流程提供配置管理数据库信息。

配置管理是描述、控制、跟踪和汇报二次系统基础架构中所有设备或系统的管理流程。这些设备和系统被称为配置元素。通过该管理流程实现对所有配置元素的有效管理、跟踪和控制以支持自动化系统和 IT 基础设施高质量运行。配置管理流程所管理的配置元素包括硬件、软件、网络设备、服务合同及客户端等 IT 基础架构中所有必须控制的组成部分。所有的数据存在配置管理数据库中。

配置管理表样见表7.3。

表7.3 配置管理表

设备名称	设备类型	所属系统	设备型号	制造厂家	是否国有品牌	安装地点	投运日期	退役日期	出厂编号	备注
	服务器 存储设备 网络设备 桌面设备 系统软件 基础应用 业务平台 业务应用 信息运行管理 音视频设备 会议系统 通信网络租赁 工器具及辅材 其他	自动化系统控制系统 自动化系统管理系统 自动化系统综合数据平台 电能量系统 自动化系统数据网络 调通中心局域网 二次系统安全防护系统 机房空调 机房电源 自动化系统大屏幕系统 其他								

7.5.5　问题管理

问题管理研究消除和减少运维服务中事件发生的数量和严重程度,防止相同事件再次发生。保持自动化系统稳定运行,提高系统可用性。

问题是一个或几个已暂时处理但根本原因尚不明确的事件,许多事件往往是由同一个问题引起的。问题的来源主要有以下几种:①问题控制:已经关闭的事件,经过回顾分析后,可能形成一个问题;②错误控制:重大事件,虽然经过紧急处理恢复服务,但未找到根本原因,也形成一个问题;③主动问题管理:对于趋势性事件的分析,形成问题。问题管理流程的根本目的是消除或减少事件的发生,将系统内部缺陷导致的业务事件或问题的负面影响降到最低限度。通过问题管理流程,问题分析专家分析发生在生产环境的事件(常常是已关闭的事件记录),确定最常发生或具有最大影响的事件,找出根本原因;然后生成变更请求、变通方法或建议的预防性措施来防止事件的再次发生。因此,问题管理流程需要和变更管理流程一起来实施找出的解决方案以从根本上解决问题。问题通常具有以下特征中的一个或全部:一组具有一定关系的已结束的事件;一个重大或紧急事件(事件处理结束后定义为问题,由问题管理找出根本解决方案)。通过问题和事件的分离,可以使突发事件和常见问题得以分开处理,避免重复处理类似问题或者已知错误,大大减少了支持人员的工作量。通过对常见事件总结成问题,可以对运维经验进行积累。通过规范的流程,确定了管理人员的职责,可以解决职责不清的问题。通过流程角色的设置,而不是组织结构的设置,来解决一人多岗情况下的各人对业务流程的不熟悉,或者职责不清的问题。通过通知机制和最终期限的设置,使运维人员及时处理问题,缩短故障的解决时间。

7.5.6　知识库管理

知识库分为两大部分:一部分是面向运维人员的知识库,以标准操作程序(SOP)模板为主,为处理相似问题提出知识点提示和处理参考建议;另一部分是面向用户的知识库,为调控中心各应用系统用户提供基本 IT 知识介绍,以功能应用 Flash 动画和视频为主。

知识库管理通过对事件与故障管理的规范流程管理,逐步建立针对自动化系统运行管理的运维知识库,主要包括:

①知识录入、审批、检索等功能。提供知识库查询功能,可根据数据库条目的字段,如类别、提出者、提出时间等内容进行模糊查询。支持关键字查询。客户可通过 Web 方式登录系统进行知识库查询。

②支持知识库的分类管理,易于扩充、调整,支持分类的树状结构显示。

③事件记录与知识库条目的关联,在重复出现某类事件请求时,能自动关联出知识库系统中相应的解决方案。

④提供知识列表、常见问题回答(FAQ)等知识记录组织方式,同时支持关键字查询等多种手段。

⑤知识可以分类存放。知识库可根据环境、设备、网络、操作系统、数据库、应用软件等划分子类,支持类型拓展和子类派生下级子类。

⑥事件管理与问题管理中发现的所有解决方案和应急措施应当通过知识管理进入知识库。

⑦提供问题解决方案的记录与维护功能,具备权限的知识库管理员可以定制、维护知识库记录。

⑧提供知识分类统计功能;知识引用统计功能;知识按来源或提交人员统计功能。

参考文献

[1] 刘通,刘秦豫,王前. ITIL V3 服务管理与认证考试详解[M].哈尔滨:哈尔滨工业大学出版社,2012.

[2] 阿尔杰.思科绿色数据中心建设与管理[M].北京:人民邮电出版社,2011.

[3] 国家电网公司人力资源部.班组管理[M].北京:中国电力出版社,2010.

[4] 国家电网公司人力资源部.沟通与协调[M].北京:中国电力出版社,2010.

[5] 侯维栋. ISO 2000 认证与实践[M].北京:清华大学出版社,2010.

[6] 符长青,符晓勤,符晓兰.信息系统运维服务管理[M].北京:清华大学出版社,2015.

[7] 陈锡祥.电力信息系统运维典型案例汇编[M].北京:中国电力出版社,2015.

[8] 章斌.基于 ITIL 的 IT 服务管理导论[M].北京:清华大学出版社,2007.

[9] 程栋,刘亿舟.中国 IT 服务管理指南实践篇[M].北京:北京大学出版社,2012.

[10] 陈宏峰,刘亿舟.中国 IT 服务管理指南理论篇[M].北京:北京大学出版社,2012.

[11] 葛世伦,尹隽.信息系统运行与维护[M].北京:电子工业出版社,2014.

[12] 罗文.信息系统运维管理咨询与监理服务[M].北京:人民邮电出版社,2014.